Thao Dang

Kontinuierliche Selbstkalibrierung von Stereokameras

Schriftenreihe

Institut für Mess- und Regelungstechnik,

Universität Karlsruhe (TH)

Band 008

Kontinuierliche Selbstkalibrierung von Stereokameras

von
Thao Dang

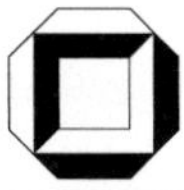

universitätsverlag karlsruhe

Dissertation, Universität Karlsruhe (TH)
Fakultät für Maschinenbau, 2007

Impressum

Universitätsverlag Karlsruhe
c/o Universitätsbibliothek
Straße am Forum 2
D-76131 Karlsruhe
www.uvka.de

Universitätsverlag Karlsruhe 2007
Print on Demand

ISSN: 1613-4214
ISBN: 978-3-86644-164-4

Vorwort

Die vorliegende Dissertation entstand während meiner Tätigkeit am Institut für Mess- und Regelungstechnik der Universität Karlsruhe (TH) und wurde von Herrn Prof. Dr.-Ing. Christoph Stiller betreut. Herrn Stiller verdanke ich ein spannendes Promotionsthema, die Förderung durch wichtige Anregungen und Diskussionen sowie ein angenehmes Arbeitsklima mit vielen Freiheiten in meiner wissenschaftlichen Arbeit. Außerdem bedanke ich mich bei Herrn Prof. Dr.-Ing. Franz Mesch, der mich durch seine Vorlesung Korrelationsverfahren zum Institut für Mess- und Regelungstechnik brachte.

Herrn Prof. Dr. rer. nat. Bernd Jähne gilt mein Dank für die spontane Übernahme des Korreferats und sein Interesse an meiner Arbeit.

Besonders hervorheben möchte ich die freundliche Unterstützung dieser Arbeit durch die Firma Honda. Dabei danke ich vor allem Herrn Dr.-Ing. Jens Gayko für die fruchtbare Zusammenarbeit. Ebenfalls bedanke ich mich bei der Deutschen Forschungsgesellschaft für die Unterstützung im Rahmen des Vorprojekts zum Sonderforschungsbereich/Transregio Kognitive Automobile.

Herrn Sören Kammel und Herrn Andreas Kapp danke ich herzlich für die mühsame Arbeit des Korrekturlesens, für Motivation und viele wertvolle Anregungen. Christian Hoffmann, Frank Böhringer, Jan Horn sowie allen anderen wissenschaftlichen Mitarbeitern des MRT verdanke ich anregende Diskussionen in den Kaffeerunden, viele praktische Hilfestellungen und inspirierende Sommerseminare. Herrn Michael Heizmann gilt mein Dank für die hervorragende LaTeX-Vorlage, mit deren Hilfe diese Arbeit entstanden ist. Dem Sekretariat, Frau Erna Nagler, Frau Sieglinde Klimesch und Frau Silke Rittershofer, danke ich für die Hilfe in verzwickten Verwaltungsangelegenheiten. Den Werkstätten, stellvertretend Herrn Manfred Hauser und Herrn Marcus Hoffner, sowie Herrn Werner Paal und Herrn Frank-Stefan Müller schulde ich großen Dank für ihre Unterstützung und ihre Kreativität in allen praktischen Belangen.

Ohne die Unterstützung meiner Familie, insbesondere meiner Eltern und meiner Frau Nicole, hätte diese Dissertation nicht gelingen können. Ihnen ist diese Arbeit gewidmet.

Karlsruhe, im April 2007   Thao Dang

Kurzfassung

Stereosehen ermöglicht die räumliche Erfassung einer Umgebung. Diese Fähigkeit ist beispielsweise für eine Verkehrsraumwahrnehmung in modernen Fahrerassistenzsystemen von großer Bedeutung. Grundvoraussetzung für Stereosehen ist eine präzise Kamerakalibrierung, d. h. eine exakte Bestimmung von Parametern wie z. B. Brennweiten oder relativer Orientierung zwischen den Kameras.

Die Kalibrierung einer Stereokamera erfolgt herkömmlich anhand bekannter Referenzobjekte. Allerdings ist ein solches Verfahren mit einem hohen Zeit- und Kostenaufwand für die Montage und die Wartung von Stereosystemen verbunden. Gerade für einen breiten Einsatz in Fahrzeugen ist deshalb eine Selbstkalibrierung erforderlich, welche die Kameraparameter automatisch aus beliebigen Bildsequenzen bestimmt und über die Lebensdauer des Systems kontinuierlich nachführt.

Diese Arbeit untersucht die Bedeutung der einzelnen Kameraparameter für die Tiefenrekonstruktion und liefert eine theoretisch fundierte Beschreibung der gesamten Verarbeitungskette einer stereoskopischen Selbstkalibrierung. Unterschiedliche geometrische Bedingungsgleichungen werden einheitlich in einem Gauß-Helmert-Modell formuliert, welches eine Kalibrierung mit hoher Genauigkeit erlaubt. Die Bestimmung der Kameraparameter erfolgt mit einem robusten, rekursiven Schätzverfahren basierend auf einem Iterativen Erweiterten Kalman-Filter. Es konnte gezeigt werden, dass eine Kombination verschiedener Bedingungsgleichungen die Zuverlässigkeit der Parameterschätzung bei den in der Praxis zu erwartenden Fehlereinflüssen erhöht. Die Leistungsfähigkeit der kontinuierlichen Selbstkalibrierung wird an mehreren realen Anwendungsbeispielen mit starren und aktiven Stereosystemen demonstriert.

Schlagworte: Selbstkalibrierung – Stereosehen – rekursive Zustandsschätzung

Abstract

Stereo vision allows three-dimensional perception of the environment. This capability is of vital importance for many applications, e.g. for advanced driver assistance systems. Precise camera calibration, i.e. an accurate determination of parameters such as focal lengths or relative orientation between the cameras, is a basic requirement for stereo vision.

Cameras are usually calibrated offline with known reference objects. However, offline calibration is a complex and time-consuming operation. To reduce costs in the production line and in maintenance, a self-calibration method is desired which determines camera parameters automatically from arbitrary image sequences and sustains the reliability of camera parameters during the life cycle of the sensor.

This thesis evaluates the importance of individual camera parameters for three-dimensional reconstruction and provides a comprehensive description of all processing stages for stereo self-calibration. Different geometric constraints are formulated in a Gauß-Helmert type model allowing camera calibration with high accuracy. A robust iterative estimation method based on an Iterated Extended Kalman Filter is used to determine the camera parameters continuously. It is found that a suitable combination of different constraints improves the reliability of stereo self-calibration in practical application. The performance of the proposed method is demonstrated on several real imagery examples with static and active stereo systems.

Keywords: Self-calibration – stereo vision – recursive state estimation

Inhaltsverzeichnis

Symbolverzeichnis

Abkürzungen

2D/3D	zwei-/dreidimensional
CCD	engl. *Charge-Coupled-Device*
CMOS	engl. *Complementary Metal Oxide Semiconductor*
EKF	Erweitertes Kalman-Filter
IEKF	Iteratives Erweitertes Kalman-Filter
SIFT	engl. *Scale Invariant Feature Transform*
ZSSD	engl. *Zero-Mean Sum of Squared Distances*

Notationsvereinbarungen

Skalare	nicht fett, kursiv: $x, y, z, X, Y, Z, \dots$
Vektoren	fett, nicht kursiv: $\mathbf{x}, \mathbf{y}, \mathbf{z}, \mathbf{X}, \mathbf{Y}, \mathbf{Z}, \dots$
Matrizen	fett, nicht kursiv, groß: $\mathbf{A}, \mathbf{B}, \mathbf{C}, \dots$
Mengen	kalligraphisch, groß: $\mathcal{A}, \mathcal{B}, \mathcal{C}, \dots$
homogene Koordinaten	fett, serifenlos: $\mathsf{x}, \mathsf{y}, \mathsf{z}, \mathsf{X}, \mathsf{Y}, \mathsf{Z}, \dots$

Indizes

$\mathbf{X}_C, \mathbf{z}_C, \dots$	Position in Kamerakoordinaten bzw. Parameter der Kamera
$\mathbf{X}_W, \dots$	Position in Weltkoordinaten
$\mathbf{x}_N, \dots$	normalisierte Bildkoordinaten
$\mathbf{x}_D, \dots$	verzeichnete (engl. *distorted*) Bildkoordinaten
$\mathbf{x}_L, \mathbf{x}_R, \dots$	Größen der linken bzw. rechten Kamera
$\mathbf{R}_M, \mathbf{T}_M, \dots$	Bewegung des Stereokamerasystems
$\mathbf{x}_k, \mathbf{z}_k, \dots$	Größen im k-ten Zeitschritt, $k = 0 \dots K$
$\mathbf{X}^i, \mathbf{x}^i, \dots$	i-tes Element einer Menge von N betrachteten Objektpunkten, $i = 1 \dots N$

Symbole

$:=$	Definition
$\sim$	projektive Identität
$\exists$	Existenzquantor
$\lvert . \rvert$	Mächtigkeit einer Menge
$\lVert . \rVert$	euklidische Norm
∇	Nabla-Operator
∇^2	Laplace-Operator
$*$	Faltungsoperator
$**$	Faltungsoperator (zweidimensional)
$\det(.)$	Determinante
$\operatorname{tr}(.)$	Spur einer Matrix
$\mathbf{x}^{\mathrm{T}}$	Transposition des Vektors $\mathbf{x}$
$\mathbf{A}^{-\mathrm{T}}$	Transposition der Inversen der Matrix $\mathbf{A}$, d. h. $(\mathbf{A}^{-1})^{\mathrm{T}}$
$\operatorname{vec}(.)$	vec-Operator
$\otimes$	Kronecker-Produkt
$\overline{x}$	empirischer Mittelwert von x
$\hat{x}$	Schätzwert von x
$\check{x}$	korrigierter Schätzwert von x
$\tilde{x}$	Transformation von x (z. B. Koordinatentransformation, etc.)
Δx	Abweichung von x
$[\mathbf{x}]_{\times}$	Abbildung eines Vektors $\mathbf{x}$ auf eine anti-symmetrische Matrix
$\neg \mathbf{P}^{l}$	Matrix $\mathbf{P}$ ohne l-te Zeile
$\arg\{.\}$	Argument einer Funktion
$\mathrm{E}\{.\}$	Erwartungswert
α	Seitenverhältnis eines Pixels
β	engl. *skew*, Winkel zwischen x- und y-Achse der Bildebene
δ	Mahalanobisdistanz
η	Lagrange-Multiplikator
κ_1, κ_2	Koeffizienten der radialen Verzeichnung
λ	Eigenwert
ω	Rotationsvektor
Φ	Nickwinkel
$\varphi(.)$	explizites Beobachtungsmodell

$\boldsymbol{\pi}(.)$	Projektion in euklidischen Koordinaten
$\boldsymbol{\Pi}^{-1}(.)$	Inverse Projektion in euklidischen Koordinaten
Ψ	Gierwinkel
ψ	Einflussfunktion des M-Estimators
ρ^i	Entfernung eines Punktes X^i
$\boldsymbol{\Sigma}, \boldsymbol{\Sigma}_{\mathbf{ee}}, \ldots$	Kovarianzmatrizen
$\sigma, \sigma_e, \ldots$	Standardabweichung
τ_1, τ_2	Koeffizienten der tangentialen Verzeichnung
$\theta(\mathbf{x})$	Orientierung des Grauwertgradienten an der Stelle $\mathbf{x}$
Θ	Wankwinkel
$\mathbf{A}$	affine Transformationsmatrix
b	Basisbreite
$\mathcal{B}$	rechteckige Bildregion bzw. Bildblock
$B = |\mathcal{B}|$	Anzahl Pixel in der Region $\mathcal{B}$
$\mathbf{C} = [\,C_X, C_Y, C_Z\,]^\mathsf{T}$	Optisches Zentrum
$\mathbf{c} = [\,c_x, c_y\,]^\mathsf{T}$	Bildhauptpunkt
d	Disparität
D^2	Unterschiedlichkeit (engl. *dissimilarity*) zweier Bildblöcke
$e, \mathbf{e}, \mathbf{e_x}, \ldots$	Fehler
e	Eulersche Konstante
ε	kleine Konstante
f	Brennweite
$\mathbf{F}$	Fundamentalmatrix
$\mathbf{F}_k$	Transitionsmatrix
$\mathbf{f}(.)$	Zustandsübergangsfunktion
$\mathbf{F_w}$ bzw. $\mathbf{F_z}$	Ableitung der Zustandsübergangsfunktion nach dem Systemrauschen bzw. dem Zustandsvektor
$g(\mathbf{x})$	Grauwert an der Stelle $\mathbf{x}$
$\mathbf{G}_k$	Eingangsmatrix
$\mathbf{g}(\mathbf{z})$	Zwangsbedingung für den Systemzustand $\mathbf{z}$
$H(\mathbf{x}, s)$	Gauß-Filtermaske mit Standardabweichung s
$\mathbf{H}$	Beobachtungsmatrix
$\mathbf{h}(.)$	implizites Beobachtungsmodell

$\mathbf{H_x}$ bzw. $\mathbf{H_z}$	Ableitung des Beobachtungsmodells nach dem Mess- bzw. Zustandsvektor
$\mathbf{h}_B(.)$	implizites Beobachtungsmodell des Bündelausgleichs
$\mathbf{h}_E(.)$	implizites Beobachtungsmodell der Epipolarbedingung
$\mathbf{h}_T(.)$	implizites Beobachtungsmodell der trilinearen Bedingungen
$h_{Tqr}(.)$	einzelne trilineare Bedingung
$\mathbf{I}$	Einheitsmatrix
J	Kostenfunktion
$\mathbf{K}$	Matrix der intrinsischen Kameraparameter
$\mathbf{K}_k$	Verstärkungsmatrix des Kalman-Filters (engl. *Kalman gain*)
$L(\mathbf{x}, s)$	Skalenraumfunktion
$m(\mathbf{x})$	Betrag des Grauwertgradienten an der Stelle $\mathbf{x}$
$M_C(\mathbf{x})$	Maß zur Eckendetektion nach Harris
$\mathbf{M}(\mathbf{x})$	Strukturtensor an der Stelle $\mathbf{x}$
$N(\boldsymbol{\mu}, \boldsymbol{\Sigma})$	Normalverteilung mit Erwartungswert μ und Kovarianz $\boldsymbol{\Sigma}$
$p(x)$	Wahrscheinlichkeitsdichtefunktion
$p(x\|z)$	bedingte Wahrscheinlichkeitsdichtefunktion
$\mathbf{P}$	Projektionsmatrix
$\mathbf{P}_k$	Kovarianzmatrix des Zustandsvektors $\mathbf{z}_k$
$\mathbf{P}_k^+$	Kovarianzmatrix der *a priori* Schätzung $\hat{\mathbf{z}}_k^-$
$\mathbf{P}_k^-$	Kovarianzmatrix der *a posteriori* Schätzung $\hat{\mathbf{z}}_k^+$
$\mathbb{R}$	Menge der reellen Zahlen
r bzw. r_{max}	Verhältnis bzw. maximal zulässiges Verhältnis der Distanzmaße bei Zuordnung von SIFT-Deskriptoren
$\mathbf{r}_k$	Residuenvektor
$\mathbf{R}$	Rotationsmatrix
$\mathbf{Rot}\,(\Psi, \Phi, \Theta)$	Transformation von Gier-, Nick- und Wankwinkel in Rotationsmatrix
$\mathbf{Rot}\,(\boldsymbol{\omega})$	Transformation von Rotationsvektor in Rotationsmatrix
s	Skale bzw. charakteristischer Maßstab einer Bildregion
$\hat{s}^2(.)$	empirische Varianz
$\mathcal{S}_B$	Menge der Beobachtungen für den Bündelausgleich
$\mathcal{S}_E$	Menge der Beobachtungen für die Epipolarbedingung
$\mathcal{S}_T$	Menge der Beobachtungen für die trilinearen Bedingungen

$\mathbf{T}$	Translationsvektor
T	Trifokaltensor
$\mathcal{U}$	kreisförmige Bildregion
$\mathbf{u}_k$	Stellgröße
v_k	Fahrzeuggeschwindigkeit
$w(\mathbf{x})$	Gewichtsfunktion
$\mathbf{w}_k$	Systemrauschen
$\mathbf{z}$ bzw. $\mathbf{z}_k$	Zustandsvektor
$\mathbf{z}_{\text{extr},k}$	extrinische Kameraparameter
$\mathbf{z}_{\text{intr},k}$	intrinische Kameraparameter
$\mathbf{z}_{C,k}$	Vektor aus intrinsischen und extrinsischen Kameraparametern
$\mathbf{z}_{M,k}$	Kamerabewegung (Rotation und Translation)
$\hat{\mathbf{z}}_k^-$	*a priori* Schätzung des Zustandsvektors
$\hat{\mathbf{z}}_k^+$	*a posteriori* Schätzung des Zustandsvektors

1 Einleitung

Stereoskopisches Sehen oder auch Stereopsis[1] bezeichnet die Fähigkeit, eine Szene mit Hilfe eines binokularen Systems dreidimensional zu erfassen. Stereopsis ist für die menschliche Wahrnehmung von großer Bedeutung, kommt aber auch in technischen Anwendungen immer häufiger zum Einsatz. Dies hat vielerlei Gründe: Stereokameras sind passive Sensoren, die unmittelbar Tiefeninformation zu fast allen Bildpunkten liefern können. Sie verbinden 3D-Messungen mit dem reichen Informationsgehalt von Videodatenströmen, der für viele moderne Objektdetektions- und Klassifikationsaufgaben unverzichtbar ist. Dazu erfordern sie keinen speziellen Abgleich von Textur- und Tiefendaten, wie er beispielsweise bei einer Kombination von Laserscannern und Videokameras erforderlich wäre. Zusätzlich ist durch die Leistungsfähigkeit heutiger Digitalrechner eine Realisierung von Stereosensoren mit hohen Taktraten kostengünstig möglich.

Die genannten Vorteile spiegeln sich auch in der breiten Masse von Anwendungsbeispielen wider, in denen stereoskopisches Sehen eingesetzt wird. Eine umfassende Übersicht der verschiedenen Einsatzgebiete würde sicherlich über den Rahmen dieses Einführungskapitels hinausgehen, und so seien hier nur einige Arbeiten exemplarisch angeführt, die z.T. am Institut für Mess- und Regelungstechnik der Universität Karlsruhe durchgeführt wurden:

- *Fahrerassistenzsysteme* bieten vielfältige Funktionen, die einen menschlichen Fahrer bei der Führung eines Automobils im Straßenverkehr unterstützen sollen. Für einige dieser Aufgaben wie z. B. eine automatische Notbremsung oder den aktiven Schutz von Fußgängern ist eine genaue und verlässliche Objektdetektion unumgänglich. Hierzu bieten sich gerade in innerstädtischen Bereichen oder ähnlich komplexen Umgebungen Stereokameras an, da diese verschiedenartige Merkmale wie z. B. räumliche Entfernung, Bewegungsinformation und Bildtextur gleichzeitig erfassen können [Dang u. Hoffmann 2005; Dang u. a. 2004; Bachmann u. Dang 2006]. Bild 1.1 zeigt ein Beispiel einer stereobasierten Objektdetektion, bei der Objekthypothesen durch eine Segmentierung von Bereichen konsistenter 3D-Bewegung generiert wurden.

---

[1] Von griechisch *stereós*: starr, hart, fest und *ópsis*: das Sehen.

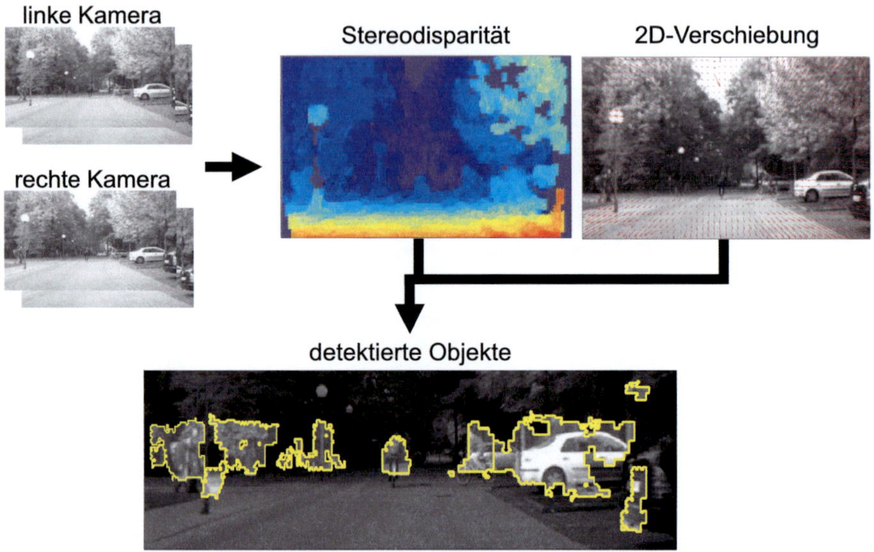

Bild 1.1: Beispiel einer Stereobildauswertung: Objekterkennung im Straßenverkehr. Aus Tiefeninformationen (hier dargestellt als farblich kodierte Stereodisparität) und 2D-Verschiebung von Bildpunkten in aufeinanderfolgenden Bildern können Objekte ohne *a priori* Information über ihre Form, Farbe, etc. detektiert werden.

- Auch in *autonomen Fahrzeugen*, die sich führerlos durch unbekanntes Terrain bewegen, spielt die stereoskopische Hinderniserkennung und Bahnplanung eine bedeutende Rolle. Beispiel hierfür ist die *Grand Challenge*, ein 2004 und 2005 abgehaltenes autonomes Autorennen durch die Mojave-Wüste [Dang u. a. 2006b]. In Bild 1.2 ist ein Beispiel eines befahrbaren Pfades dargestellt, der aufgrund von stereoskopisch detektierten Hindernissen sowie einer texturbasierten Fahrbahnklassifikation automatisch ausgewählt wurde.

- Aus Stereobildsequenzen lassen sich texturierte 3D-Modelle von Objekten generieren. Anwendung finden solche Modelle im Multimediabereich und in der Dokumentation von Bauwerken. Bild 1.3 zeigt ein aus einem einzigen Stereobildpaar erstelltes Szenenmodell [Ihouaoui 2005].

Grundsätzlich ist für eine 3D-Rekonstruktion aus Stereobildern die genaue Kenntnis der einzelnen Kameraparameter wie äußere Orientierung der Kameras zueinander, Brennweiten, etc. unbedingt erforderlich. Herkömmlich erfolgt diese Ka-

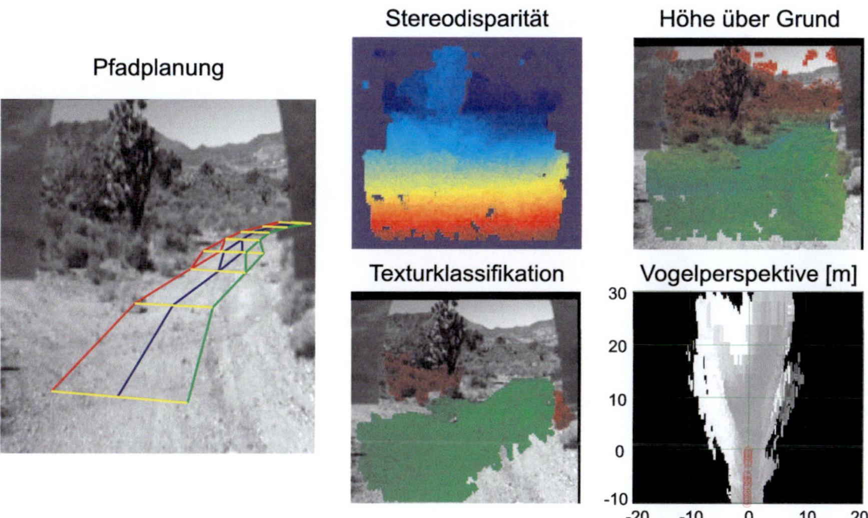

Bild 1.2: Beispiel einer Stereobildauswertung: Hinderniserkennung und Pfadplanung. Dargestellt ist eine auf Stereoskopie und Textur basierte Bilddatenauswertung für die Grand Challenge 2005, einem autonomen Autorennen über ca. 130 Meilen durch die Mojave-Wüste.

librierung in einem aufwändigen Verfahren etwa nach [Tsai 1987] oder [Zhang 2000]. Dabei werden aus mehreren Ansichten eines bekanntes Referenzobjektes mit einem nichtlinearen Optimierungsverfahren die Parameter des Kamerasystems bestimmt (Bild 1.4). Die Nachteile dieser Kalibrierungsmethoden liegen auf der Hand: Die Verfahren sind numerisch komplex und erfordern zudem einen hohen praktischen Aufwand, da bekannte Referenzmuster von verschiedenen Positionen aus erfasst werden müssen. Außerdem kann eine solche Kalibrierung nicht im laufenden Betrieb der Kameras erfolgen, sondern muss statt dessen *offline* im Anschluss an die Montage des Stereosensors durchgeführt werden. Damit verbunden entsteht auch ein hoher Wartungsaufwand, vor allem wenn sich die Kameraparameter durch äußere Einflüsse wie etwa große Temperaturschwankungen oder mechanische Beanspruchungen verändern können. Gerade im Fahrzeugbereich sind solche Störeinflüsse zu erwarten und erfordern deshalb eine regelmäßige Überprüfung und Korrektur der Kamerakalibrierung.

Aus den genannten Schwierigkeiten heraus ergibt sich die Forderung nach einer *Selbstkalibrierung für Stereokameras*. Hier werden die intrinsischen und extrinsischen Parameter der Kameras (vgl. Kap. 2) allein durch die Betrachtung beliebiger

Stereobilder   Stereodisparität

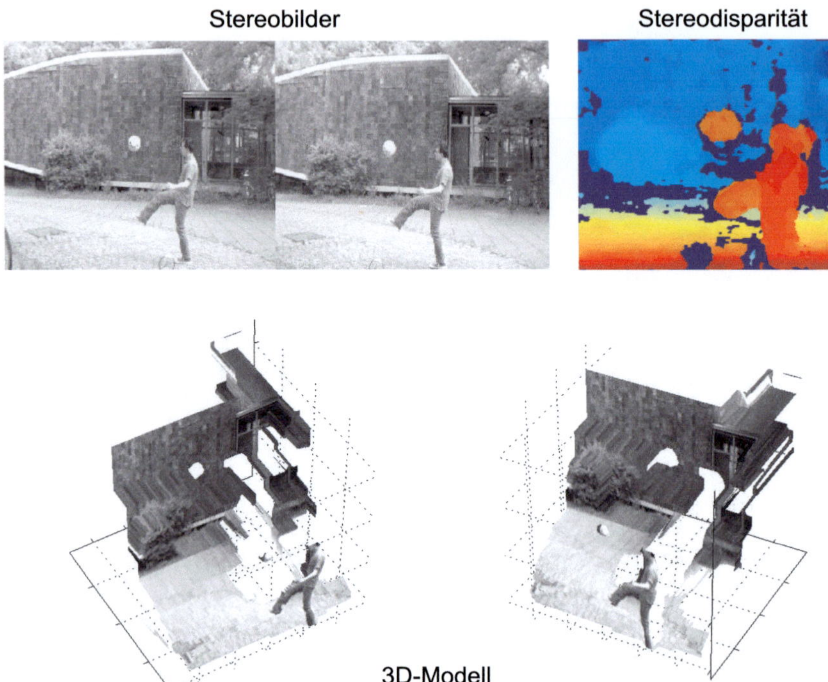

Bild 1.3: Beispiel einer Stereobildauswertung: Generierung von texturierten 3D Modellen.

starrer Szenen ermittelt. Bekannte Referenzobjekte oder sonstiges Wissen über die Beschaffenheit der betrachteten Szene sind dabei nicht erforderlich. Grundlage für eine Selbstkalibrierung von Stereokameras sind lediglich geometrische Bedingungsgleichungen zwischen korrespondierenden Bildpunkten in zeitgleich aufgenommenem Bildern der linken und rechten Kamera (*räumliche Korrespondenzen*) sowie korrespondierende Punkte in zeitlich aufeinanderfolgenden Bildern einer einzelnen Kamera (*zeitliche Korrespondenzen*).

Mögliches Ziel einer Stereoselbstkalibrierung ist zum einen, die aufwändige *offline*-Kalibrierung zu ersetzen und damit Zeit und Kosten in der Produktion einzusparen. Zum anderen kann die Selbstkalibrierung dazu dienen, langsame Veränderungen in den Kameraparametern über längere Zeiträume zu erfassen, auszugleichen und damit den erforderlichen Wartungsaufwand eines Stereosensors auf ein Minimum zu beschränken. Es ist deshalb anzunehmen, dass die Selbstkalibrierung eine wichtige Voraussetzung für die breite Markteinführung von Stereokameras

Bild 1.4: Beispiel einer Offline-Kamerakalibrierung: In dieser aufwändigen Prozedur müssen mehrere Bilder eines Referenzobjektes (häufig ein ebenes Schachbrettmuster) aus unterschiedlichen Ansichten aufgenommen werden.

darstellt. Ein erfolgreiches Kalibrierverfahren sollte folgenden Anforderungen genügen:

- Es sollte alle relevanten Kameraparameter mit ausreichender Genauigkeit bestimmen können. Die Relevanz sowie die Toleranzgrenzen einzelner Parameter sollten dabei an ihrem Einfluss auf die Qualität einer resultierenden 3D-Rekonstruktion festgemacht werden. Gleichsam ist eine Angabe zur verbleibenden Unsicherheit der aktuellen Schätzwerte für weitere Verarbeitungsschritte wünschenswert.

- Die Selbstkalibrierung sollte zur schritthaltenden, kontinuierlichen Verarbeitung der Eingangsdaten fähig sein. Hierzu bieten sich rekursive Schätzverfahren an, die Daten verarbeiten, sobald sie zur Verfügung stehen. Sie erlauben damit eine Integration aller vorhandenen Information ohne die Notwendigkeit, lange Bildverbände zu speichern.

- Aufgrund der zu erwartenden Qualität der verwendeten Punktkorrespondenzen, welche z. B. bedingt durch Verdeckungen oder periodische Strukturen im Bild vereinzelt große Messfehler aufweisen können, ist die Robustheit eines Selbstkalibrierungsverfahrens von großer Bedeutung. Um eine zuverlässige Stereokalibrierung zu gewährleisten, sollten deshalb robuste Schätzverfahren bei der Bestimmung der Kameraparameter zum Einsatz kommen.

Die vorliegende Arbeit liefert eine konsistente Beschreibung der gesamten Verarbeitungskette einer kontinuierlichen Stereoselbstkalibrierung. Zunächst werden Einflüsse von Fehlern in der Kamerakalibrierung auf die 3D-Rekonstruktion analytisch untersucht. Basierend auf dieser Analyse können wichtige Parameter identifiziert werden, welche von einem Stereokalibrierungsverfahren sinnvollerweise bestimmt werden müssen. Anschließend werden verschiedene geometrische Bedingungsgleichungen für die kontinuierliche Selbstkalibrierung untersucht und in einem Gauß-Helmert-Modell einheitlich formuliert. Die Arbeit entwickelt rekursive Optimierungsverfahren und schlägt Maßnahmen vor, wie eine robuste Schätzung erreicht werden kann. Experimentell wurden die beschriebenen Verfahren an mehreren Beispielen aus dem Bereich der mobilen Wahrnehmung getestet. Dabei wurden sowohl synthetische Bilder als auch Innen- und Außenraumsequenzen verwendet. Die Verfahren erlauben die Kalibrierung eines statischen Stereosystems sowie die Nachführung der Parameter einer aktiven Kameraplattform, welche im Rahmen dieser Arbeit zur Umfeldwahrnehmung in kognitiven Automobilen entwickelt wurde. Die Arbeit bietet damit einen Beitrag zur Theorie der Selbstkalibrierung und beschreibt ein für Stereokameras anwendbares Verfahren, dessen Implementierung und experimentelle Validierung im Anwendungsfeld „Fahrzeug".

1.1   Einordnung der Arbeit

Die ersten Arbeiten zur Selbstkalibrierung von Kameras stammen aus dem Gebiet der Photogrammetrie. Die Photogrammetrie beschäftigt sich mit der Vermessung von Szenen aus mehreren Bildern und wird grundsätzlich in Luftbildphotogrammetrie und Nahbereichsphotogrammetrie unterteilt. Erstere wird in der Geodäsie eingesetzt, um aus den Daten flugzeuggetragener Kameras eine 3D-Repräsentation des betrachteten Geländes in Form von digitalen Höhenmodellen zu gewinnen (siehe z. B. [Hirschmüller u. a. 2005]). Dagegen befasst sich die Nahbereichsphotogrammetrie mit der 3D-Vermessung von Objekten im Abstandsbereich von einigen Zentimetern bis zu ca. hundert Metern. Anwendungsfelder liegen dabei im Bereich der industriellen Messtechnik und der Architektur — als Beispiele seien hier die Dokumentation denkmalgeschützter Bauwerke oder sogar die vollständige Rekonstruktion zerstörter Monumente wie des Großen Buddhas von Bamiyan in Afghanistan [Grün u. a. 2004] genannt.

Eine in der Photogrammetrie verbreitete Methode zur 3D-Rekonstruktion bei unsicheren Kameraparametern ist der sog. *Bündelausgleich* [Schmid 1958; Granshaw 1980; Kraus 1986; Triggs u. a. 2000]. Allgemein handelt es sich beim Bündelausgleich um ein Optimierungsverfahren, bei dem *gleichzeitig* sowohl Kameraparameter als auch 3D-Strukturparameter (d. h. Lage der beobachteten Objektpunkte) bestimmt werden. Optimierungskriterium ist dabei der geometrische Abstand zwischen gemessenen und erwarteten Bildkoordinaten eines betrachteten Objektes. Der Begriff „Bündel" bezieht sich hier auf die Menge aller Lichtstrahlen zwischen dem optischen Zentrum der Kamera und den erfassten 3D-Objektpunkten. Nachteilig beim klassischen Bündelausgleich ist zum einen der hohe Rechenaufwand, der sich durch den hochdimensionalen Parameterraum ergibt, und zum anderen die Notwendigkeit eines hinreichend genauen Startpunktes für die nichtlineare Optimierung. Schließlich stellt der Bündelausgleich hohe Anforderungen an die Genauigkeit der verwendeten Eingangsdaten und erfordert deshalb eine präzise Lokalisation von Punktkorrespondenzen in den Kamerabildern.

Im Bereich des Maschinensehens (engl. *computer vision*) wurde in den letzten fünfzehn Jahren die Selbstkalibrierung von Mono- und Stereokameras vielfältig behandelt und stellt noch immer ein spannendes und wachsendes Forschungsgebiet dar. Während in vielen Anwendungen der Photogrammetrie initiale Schätzwerte für die Parameter der verwendeten Kameras durch Datenblätter oder zusätzliche (z. B. inertiale) Sensorik gegeben sind, erfordern die meisten Verfahren im Bereich *computer vision* keinerlei *a priori* Information über die Kamerakalibrierung. Die Selbstkalibrierung wird hier gewöhnlich als mehrstufiger Prozess zur Gewinnung einer 3D-Rekonstruktion der Szene aufgefasst: Zunächst werden Fundamentalmatrizen [Zhang 1998; Torr u. Murray 1997] bzw. Trifokaltensoren (z. B. [Torr u. Zisserman 1997]) bestimmt, welche die projektive Geometrie zwischen Bildpaaren bzw. Bildtripeln definieren. Ausgehend von diesen Beschreibungen lässt sich eine projektive Rekonstruktion der betrachteten Szene berechnen, d. h. die erhaltene Szenenrekonstruktion ist eindeutig bis auf eine beliebige projektive Transformation [Faugeras 1992]. Um daraus eine eindeutige euklidische Rekonstruktion zu erhalten, wurden verschiedene Verfahren vorgeschlagen: [Maybank u. Faugeras 1992; Faugeras u. a. 1992; Luong u. Faugeras 1997a] verwenden die so genannten *Kruppa-Gleichungen*, um die intrinsischen Parameter der Kameras aus der Epipolargeometrie zweier Bilder zu extrahieren und anschließend eine metrische Szenenrepräsentation zu erhalten. Allerdings sind die Kruppa-Gleichungen nichtlinear und liefern — wie in [Sturm 2000] gezeigt — in einigen Fällen unbefriedigende Ergebnisse. Eine weitere direkte Methode zur Bestimmung einer metrischen Kalibrierung aus mehreren Bildern unter Verwendung der absoluten Quadrik wurde von [Triggs 1997] vorgeschlagen. Alternativ wurde in [Pollefeys 1999] ein „geschichtetes" (engl. *stratified*) Selbstkalibrierungsverfahren vorgestellt, das in einem Zwischenschritt aus dem projektiven Modell eine affine Rekonstruktion berechnet und diese anschließend in eine metrische Rekonstruktion überführt. Diese Methode wurde in [Zisserman u. a. 1995; Horaud u. a. 2000] auf die Selbstkalibrierung eines Stereokamerasystems erweitert.

Prinzipiell erlauben die im letzten Abschnitt genannten mehrstufigen Methoden eine Selbstkalibrierung ohne jegliches Vorwissen über die Kameras (ausgenommen einiger in der Praxis zumeist unbedeutender Annahmen bzgl. der intrinsischen Parameter wie z. B. rechteckige Pixel). Allerdings ist die dabei erreichbare Genauigkeit der Kameraparameter häufig ungenügend, weshalb der klassische Bündelausgleich oftmals als nachgeschalteter Optimierungsschritt zur Verbesserung der Kalibrierung eingesetzt wird. Andere nichtlineare Methoden zur Verfeinerung einer initialen Kalibrierung eines Stereosystems werden in [Zhang u. a. 1996; Luong u. Faugeras 1997b] vorgeschlagen: Hier werden zunächst die Fundamentalmatrizen zwischen Bildpaaren einer Stereosequenz euklidisch parametrisiert, d. h. in Abhängigkeit der intrinsischen und extrinsischen Kameraparameter sowie der Bewegung des Stereosystems angegeben. Anschließend werden Kameraparameter bestimmt, welche die Epipolarbedingung (s. Kap. 4.2) zwischen Paaren gleichzeitig aufgenommener Bilder zweier Kameras und zeitlich aufeinanderfolgender Bilder einer Kamera optimal erfüllen. Ein wichtiger Aspekt der Arbeiten [Zhang u. a. 1996; Luong u. Faugeras 1997b] ist dabei, dass die nichtlineare Optimierung der Kameraparameter rekursiv durch ein erweitertes Kalman-Filter erfolgt. Da ein solches Verfahren in der Theorie unendlich lange Bildverbände schritthaltend verarbeiten kann, wird für diese Klasse von Verfahren in der vorliegenden Arbeit die Bezeichnung *kontinuierliche Selbstkalibrierung* verwendet.

Eine konsequente Erweiterung der im letzten Abschnitt beschriebenen kontinuierlichen Selbstkalibrierung ist die Verwendung der Trilinearitäten ([Shashua 1995], s. auch Kap. 4.3). Diese erfassen die Geometrie eines Bildtripels und können mathematisch elegant mit Hilfe des Trifokaltensors formuliert werden. Die Trilinearitäten stellen eine hinreichende Bedingung für die Korrespondenz dreier Bildpunkte dar [Torr 1995]. Wie in [Zisserman u. Maybank 1994] gezeigt, liegt hier ein Hauptvorteil des Trifokaltensors gegenüber den drei Fundamentalmatrizen eines Bildtripels: Im in der Praxis häufig auftretenden Fall, dass ein betrachteter Objektpunkt $\mathbf{X}$ in einer Ebene mit den drei optischen Zentren der Kameras liegt, liefern die drei Epipolarbedingungen lediglich eine notwendige Beziehung für die Korrespondenz seiner Bildpunkte. Dagegen ist der Trifokaltensor von diesem Sonderfall nicht beeinflusst. Zur Selbstkalibrierung einer monokularen Kamera wurde in [Abraham 2000] ein euklidisch parametrisierter Trifokaltensor eingesetzt, um Startwerte für einen nachgeschalteten Bündelausgleich zu bestimmen. Der Einsatz der trilinearen Bedingungen für eine kontinuierliche Selbstkalibrierung von Stereokameras ist jedoch weitgehend unerforscht und wird im Rahmen dieser Arbeit untersucht.

Ein wichtiges Anwendungsfeld der kontinuierlichen Selbstkalibrierung ist das aktive Sehen. Dabei werden in Anlehnung an das menschliche Sehsystem Kameraparameter wie z. B. die Blickrichtung oder die Brennweite gezielt variiert, um eine bestmögliche Erfassung der wichtigen Objekte zu gewährleisten. Aktives Sehen erlaubt zwar eine flexible Wahrnehmung, erfordert aber gleichzeitig eine ständige Anpassung der Kamerakalibrierung. In [McLauchlan u. Murray 1996] wird ein *Variable State Dimension Filter (VSDF)* verwendet, um Kameraparameter aus reinen Drehbewegungen einer monokularen Kamera zu bestimmen. Beim VSDF handelt es sich um eine effiziente Implementierung eines erweiterten Kalman-Filters, bei dem der Zustandsvektor allerdings konstant sein muss, d. h. kein zeitlich dynamisches Verhalten aufweisen darf. [Bjorkman u. Eklundh 2002] stellt eine Selbstkalibrierung eines aktiven Stereosystems vor, welche die Gierwinkel beider Kameras in Echtzeit bestimmen kann. Der entworfene Algorithmus nutzt ausschließlich Punktkorrespondenzen zwischen linkem und rechtem Kamerabild, zeitliche Korrespondenzen zwischen aufeinanderfolgenden Bildern werden nicht berücksichtigt. Eine modifizierte Version dieses Verfahrens mit verbesserter Merkmalsextraktion wurde von [Pettersson u. Petersson 2005] realisiert. Allerdings haben beide Verfahren den Nachteil, dass nur eine kleine Untermenge der Kameraparameter — die beiden Gierwinkel — bestimmt werden können und somit ein idealer Aufbau mit parallelen Rotationsachsen der Kameras vorausgesetzt werden muss. Eine Erweiterung auf zusätzliche Parameter lieferte nach [Pettersson u. Petersson 2005] in der Praxis keine befriedigenden Ergebnisse.

Die vorliegende Arbeit befasst sich mit kontinuierlichen Selbstkalibrierungsverfahren für Stereokameras. Sie liefert ein theoretisch fundiertes Rahmenwerk zur rekursiven, automatischen Bestimmung von Kameraparametern aus beliebigen Bildsequenzen, indem verschiedene geometrische Bedingungsgleichungen verglichen und kombiniert werden können. Die erarbeiteten Lösungsansätze sind inspiriert von monokularen *structure from motion* Ansätzen [Azarbayejani u. Pentland 1995; Soatto u. Perona 1998a,b], bei denen aus 2D-Verschiebungsvektoren zwischen markanten Punkten einer Bildsequenz eine 3D-Rekonstruktion einer betrachteten starren Szene gewonnen wird.

1.2 Aufbau der Arbeit

Die vorliegende Arbeit ist wie folgt gegliedert:

- Kapitel 2 fasst die in dieser Arbeit verwendeten mathematischen und physikalischen Grundlagen der Bildentstehung zusammen. Als Modell wird dabei eine ideale Lochkamera zugrunde gelegt. In der Realität auftretende Abweichung von diesem Modell können über eine Berücksichtigung der Linsenverzeichnung erfasst werden. Aufbauend auf der Kameramodellierung werden Verfahren zur 3D-Rekonstruktion aus Stereobildern beschrieben und die

Empfindlichkeit der Rekonstruktion gegenüber Fehlern in der Kamerakalibrierung untersucht. Die Bedeutung der dargestellten praktisch orientierten Empfindlichkeitsanalyse liegt darin, dass sie zum einen zulässige Toleranzen in den Kameraparametern quantifiziert und zum anderen eine Identifizierung der wichtigen Parameter für eine Selbstkalibrierung von Stereoparametern erlaubt.

- Eingangsdaten für jede Kamerakalibrierung sind Korrespondenzen zwischen Bildmerkmalen. Die Bestimmung solcher Korrespondenzen besteht aus mehreren Schritten: einer Detektion von markanten Punkten wie z.B. Ecken im Bild, einer Bestimmung von korrespondierenden Merkmalspunkten in verschiedenen Bildern (engl. *matching*) und einer nachgeschaltete Analyse der Zuverlässigkeit der gefundenen Punktkorrespondenzen. Hierzu werden in Kapitel 3 verschiedene Ansätze vorgestellt und verglichen.

- Die Stereoselbstkalibrierung beruht auf der Auswertung geometrischer Bedingungsgleichungen zwischen korrespondierenden Bildpunkten. In Kapitel 4 werden verschiedene für die kontinuierliche Selbstkalibrierung in Frage kommenden Beziehungen dargestellt und vergleichend bewertet: Zwischen Bildpaaren wird dabei die Epipolarbedingung verwendet. Korrespondierende Punkte in drei Bildern erfüllen die trilinearen Bedingungen. In längeren Bildverbänden kann eine Bestimmung der Kameraparameter über einen Bündelausgleich erfolgen. Für die Anwendung der kontinuierliche Selbstkalibrierung in der Praxis ist dabei jedoch zu beachten, dass die hohe numerische Komplexität des Bündelausgleichs und der damit verbundene Rechenaufwand reduziert werden müssen. Dies geschieht in dieser Arbeit über einen Bündelausgleich mit reduzierter Repräsentation der Struktur, d. h. es wird eine minimale Beschreibung der betrachteten 3D-Punkte mit nur einem freien Parameter pro Objektpunkt verwendet. Die drei beschriebenen geometrischen Bedingungen werden einheitlich in einem Gauß-Helmert-Modell formuliert, sodass die Minimierung eines physikalisch relevanten geometrischen Fehlers und damit eine höhere Genauigkeit der Kalibrierung sichergestellt ist.

- Die in Kapitel 4 dargestellten Optimierungskriterien müssen durch ein rekursives Verfahren minimiert werden, um eine kontinuierliche Selbstkalibrierung zu gewährleisten. Dazu wird in Kapitel 5 ein Iteratives Erweitertes Kalman-Filter für Gauß-Helmert-Modelle vorgestellt. Eine wichtige Anforderung an den verwendeten Optimierungsalgorithmus ist die Robustheit gegenüber vereinzelten großen Messfehlern (Ausreißern) in den Eingangsdaten, die bei der Selbstkalibrierung häufig durch periodische Texturen in der betrachteten Szene oder auch durch Verdeckungen entstehen. Deshalb wird in dieser Arbeit eine robuste Innovationsstufe der verwendeten Filter durch χ^2-Tests auf den Residuen der Schätzung und *random sampling* untersucht. Außerdem erlauben die eingesetzten Filter eine statistische Analyse der Beobachtbarkeit der Kameraparameter bei verschiedenen Bewegungssequenzen und einen informationstheoretischen Vergleich der verschiedenen Bedingungsgleichungen.

- Die entworfenen Algorithmen zur Selbstkalibrierung von Stereokameras wurden in verschiedenen Szenarien erprobt und bewertet. Kapitel 6 zeigt Beispiele aus dem Automobilbereich und dem Bereich des aktiven Sehens.

- Kapitel 7 fasst die wichtigsten Ergebnisse dieser Arbeit zusammen und gibt einen Ausblick auf mögliche weitere Aufgabenstellungen.

2 Kameramodellierung und 3D-Rekonstruktion aus Stereobildern

Grundlegend für jede Form der Kamerakalibrierung ist stets die Definition eines geeigneten mathematischen Modells der Bildentstehung. Dazu wird in diesem Kapitel zunächst der Abbildungsprozess einer monokularen Kamera basierend auf einem einfachen Lochkameramodell beschrieben. In der Realität auftretende Abweichungen von der idealen Lochkamera können durch Berücksichtigung einer Linsenverzeichnung erfasst und korrigiert werden. Die vorgestellten Modelle lassen sich auch auf Stereokamerasysteme erweitern, wobei für eine geeignete Datumsfestlegung, d. h. eine an die praktische Anwendung angepasste Wahl eines globalen Koordinatensystems, besondere Sorgfalt aufgewendet werden muss. Neben der Modellbildung leistet das Kapitel auch eine kurze Einführung der in dieser Arbeit verwendeten Notation.

Weiterer Inhalt dieses Kapitels ist ein kurzer Abriss der Tiefenrekonstruktion aus Stereobildern. Zum einen ist die 3D-Rekonstruktion wichtigste Aufgabe von Stereokameras. Zum anderen erlaubt die Analyse der Stereorekonstruktion eine quantitative Aussage darüber, inwieweit einzelne Kameraparameter für eine Selbstkalibrierung von Bedeutung sind.

2.1 Modell einer monokularen Kamera

Eine Kamera bildet einen Punkt der dreidimensionalen Welt auf eine zweidimensionale Bildebene ab. Die Grundstruktur des Projektionsmodells einer Kamera ist in Bild 2.1 skizziert. Es besteht aus der sog. perspektivischen Projektion (Kap. 2.1.1), welche auf einem idealen Lochkameramodell basiert, und einer Linsenverzeichnung (Kap. 2.1.2), mit der in der Realität auftretende Abweichungen vom idealen Abbildungsmodell berücksichtigt werden können.

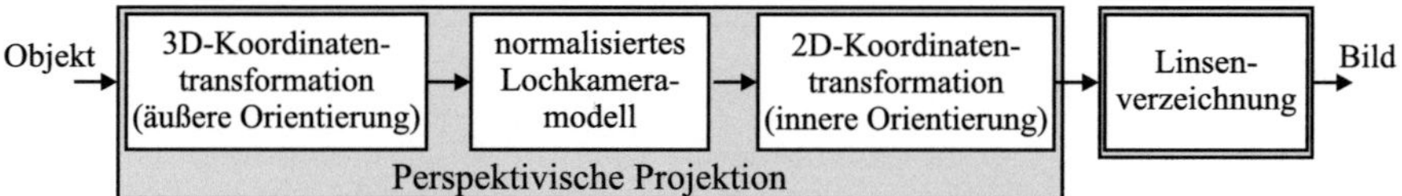

Bild 2.1: Struktur des Kameramodells.

2.1.1 Perspektivische Projektion

Wichtige Hilfsmittel zur mathematischen Beschreibung der perspektivischen Projektion aus Bild 2.1 sind die *homogenen* bzw. *verallgemeinerten Koordinaten*. Homogene Koordinaten eines Punktes im n-dimensionalen euklidischen Raum sind durch einen Spaltenvektor mit $n+1$ Elementen gegeben. Wird beispielsweise ein 3D-Punkt $\mathbf{X} = (X,Y,Z)^{\mathrm{T}}$ betrachtet, so ist seine allgemeine Darstellung in homogenen Koordinaten ein 4D-Vektor der Form $\mathbf{X} = (\mu X, \mu Y, \mu Z, \mu)^{\mathrm{T}}$, wobei μ einen beliebigen von Null verschiedenen Skalar bezeichnet.[1] An diesem einfachen Beispiel lassen sich direkt zwei wichtige Eigenschaften homogener Koordinaten veranschaulichen: Zum einen erhalten wir die ursprünglichen euklidischen Koordinaten eines Punktes, indem wir die ersten n Elemente des homogenen Koordinatenvektors durch das $(n+1)$-te Element dividieren:

$$\mathbf{X} = [X_1, \dots, X_n, X_{n+1}]^{\mathrm{T}} \quad \rightarrow \quad \mathbf{X} = \left[\frac{X_1}{X_{n+1}}, \dots, \frac{X_n}{X_{n+1}} \right]^{\mathrm{T}} . \tag{2.1}$$

Zum anderen sind zwei beliebige Punkte $\mathbf{X}$ und $\mathbf{Y}$ in homogenen Koordinaten genau dann identisch, wenn sie durch Skalierung ineinander überführt werden können. In der vorliegenden Arbeit wird für diese Identität die Schreibweise „$\sim$" verwendet und wie folgt definiert:

$$\mathbf{X} \sim \mathbf{Y} \quad \Longleftrightarrow \quad \exists \mu \in \mathbb{R} \backslash \{0\} : \mathbf{X} = \mu \mathbf{Y} . \tag{2.2}$$

Hauptvorteil der homogenen Koordinaten ist, dass sie eine kompakte Matrixdarstellung von Koordinatentransformationen und perspektivischen Abbildungen erlauben. Betrachten wir dazu zunächst die 3D-Transformation von Welt- in Kamerakoordinaten aus Bild 2.2: Der Ursprung des Kamerakoordinatensystems ist definiert durch die Position der infinitesimal kleinen Lochblende. Jeder Lichtstrahl,

---

[1]Um homogene von euklidischen Koordinatenvektoren zu unterscheiden, wird in dieser Arbeit eine serifenlose Schrift für homogene Koordinaten ($\mathbf{X}, \mathbf{Y}, \dots$) verwendet. Eine Serifenschrift zeigt dementsprechend einen Vektor in euklidischen Koordinaten an ($\mathbf{X}, \mathbf{Y}, \dots$). Im Allgemeinen ist aber schon aus dem jeweiligen Kontext klar ersichtlich, ob eine Größe in euklidischen oder in homogenen Koordinaten betrachtet werden muss.

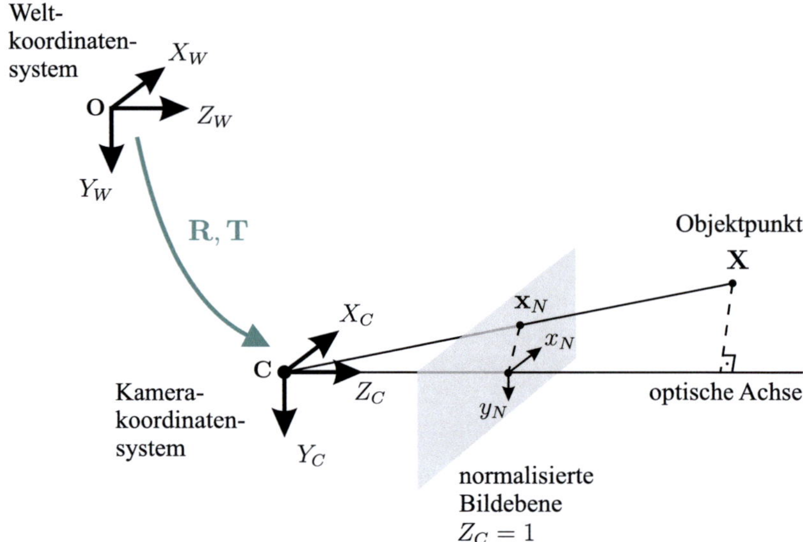

Bild 2.2: Abbildung eines Objektpunktes in die normalisierte Bildebene. Die Freiheitsgrade der durch $(\mathbf{R}, \mathbf{T})$ gegebenen Koordinatentransformation von Welt- in Kamerakoordinaten werden als extrinsische Kameraparameter bezeichnet.

der von der Lochkamera erfasst wird, muss dieses sog. *optische Zentrum* **C** passieren. Die Z_C-Achse des Kamerakoordinatensystems wird allgemein als *optische Achse* bezeichnet und entspricht der Lotgeraden zur Bildebene durch das optische Zentrum. Nehmen wir an, dass der Übergang von Welt- in Kamerakoordinaten durch eine 3×3-Rotationsmatrix $\mathbf{R}$ und einen 3×1-Translationsvektor $\mathbf{T}$ gemäß

$$\mathbf{X}_C = \mathbf{R}\mathbf{X}_W + \mathbf{T} \tag{2.3}$$

gegeben ist, so lässt sich bei Verwendung von homogenen Koordinaten diese Transformation in einer einzigen Matrix zusammenfassen:

$$\mathbf{X}_C = \begin{bmatrix} \mathbf{R} & \mathbf{T} \\ \mathbf{0} & 1 \end{bmatrix} \mathbf{X}_W \; . \tag{2.4}$$

Die kompakte Form von Gl. (2.4) hat sich besonders in der Robotik und in der Computergrafik zur Verkettung von Koordinatentransformationen als äußerst nützlich erwiesen und ist deshalb weit verbreitet. Die Parameter der Koordinatentransformation $(\mathbf{R}, \mathbf{T})$ von Welt- in Kamerakoordinaten sind für das Abbildungsmodell von großer Bedeutung und werden als *extrinsische Parameter* bezeichnet. Mögliche Parametrierungsformen der Rotationsmatrix $\mathbf{R}$ werden in Anhang A.1 beschrieben.

Auch das ideale Lochkameramodell lässt sich in homogenen Koordinaten elegant formulieren. Der von einem Objektpunkt $\mathbf{X}_C$ (in Kamerakoordinaten) ausgehende Lichtstrahl durch das optische Zentrum $\mathbf{C}$ trifft die normalisierte Bildebene (vgl. Bild 2.2) in den sog. *normalisierten Koordinaten*

$$\begin{aligned} x_N &= X_C/Z_C \\ y_N &= Y_C/Z_C \ . \end{aligned}$$
(2.5)

In dieser Arbeit werden Objektkoordinaten im Raum mit Großbuchstaben und entsprechende Bildkoordinaten mit Kleinbuchstaben bezeichnet. Die Abbildung (2.5) ist in verallgemeinerten Koordinaten als einfache Matrixmultiplikation darstellbar:

$$\mathbf{x}_N \sim \begin{bmatrix} 1 & 0 & 0 & 0 \\ 0 & 1 & 0 & 0 \\ 0 & 0 & 1 & 0 \end{bmatrix} \mathbf{X}_C \ .$$
(2.6)

Im Anschluss an eine Projektion mit dem idealen Lochkameramodell (2.6) müssen die normalisierten Bildkoordinaten in Pixelkoordinaten überführt werden. In homogenen Koordinaten geschieht dies über eine affine Transformation der Form (s. Bild 2.3):

$$\mathbf{x}_C = \mathbf{K}\mathbf{x}_N \ ,$$
(2.7)

wobei $\mathbf{K}$ durch eine obere Dreiecksmatrix[2] gegeben ist,

$$\mathbf{K} = \begin{bmatrix} f & \beta & c_x \\ 0 & \alpha f & c_y \\ 0 & 0 & 1 \end{bmatrix} \ .$$
(2.8)

Die Parameter der Matrix $\mathbf{K}$ werden häufig als *innere Orientierung* bzw. *intrinsische Parameter* der Kamera bezeichnet. Im einzelnen sind dies:

- die Brennweite f, gemessen in Pixeln,

- das Seitenverhältnis α zwischen der vertikalen und horizontalen Seitenlänge eines Pixels,

---

[2] Dreiecksmatrizen haben die für die Praxis der Kamerakalibrierung wichtige Eigenschaft, dass sie bezüglich der Multiplikation eine Gruppe bilden: Sind $\mathbf{K}_1, \mathbf{K}_2$ Dreiecksmatrizen, dann ergeben auch $\mathbf{K}_1 \cdot \mathbf{K}_2$ und $\mathbf{K}_1^{-1}$ Dreiecksmatrizen.

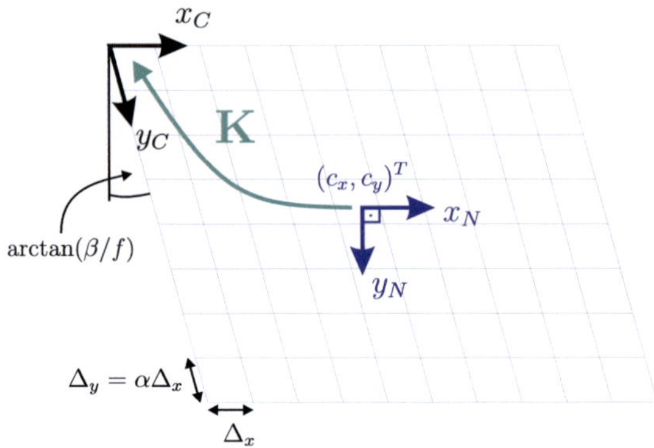

Bild 2.3: Intrinsische Kameraparameter. $(x_N, y_N)^T$ bezeichnen normalisierte Koordinaten, $(x_C, y_C)^T$ Bildkoordinaten in Pixeln.

- der Bildhauptpunkt $\mathbf{c} = (c_x, c_y)^T$, also die Koordinaten des Schnittpunktes der optischen Achse mit der Bildebene der Kamera, sowie

- der Parameter β (engl. *skew*), der den Winkel zwischen x- und y-Achse der Bildebene quantifiziert (bei rechteckigen Pixeln gilt $\beta = 0$; dies ist bei fast allen modernen CCD- und CMOS-Kameras gegeben).

Fasst man nun die Gleichungen (2.4), (2.6) und (2.7) zusammen, so erhält man das projektive Kameramodell für die Abbildung eines 3D-Punktes $\mathbf{X}_W$ auf die Bildposition $\mathbf{x}_C$:

$$\mathbf{x}_C = \begin{bmatrix} u_C \\ v_C \\ w_C \end{bmatrix} \sim \mathbf{K}\,[\mathbf{R}, \mathbf{T}]\,\mathbf{X}_W = \mathbf{P}\mathbf{X}_W \ . \tag{2.9}$$

Die 3×4-Matrix $\mathbf{P}$ wird allgemein als *Projektionsmatrix* bezeichnet und beinhaltet sowohl extrinsische als auch intrinsische Kameraparameter. Tab. 2.1 fasst einige wichtige Eigenschaften der Projektionsmatrix zusammen. Eine detailliertere Beschreibung des projektiven Kameramodells und dessen Grundlagen finden sich in [Hartley u. Zisserman 2002; Faugeras u. a. 2001].

Wir werden in den nachfolgenden Kapiteln an vielen Stellen die euklidischen Koordinaten eines projizierten Bildpunkts benötigen. Dazu definieren wir die abkürzende Schreibweise

$$\mathbf{x}_C = \pi(\mathbf{X}_W) = \begin{bmatrix} u_C/w_C \\ v_C/w_C \end{bmatrix} \tag{2.10}$$

Die Projektionsmatrix $\mathbf{P}$ hat die allgemeine Form $\mathbf{P} = \mathbf{K}\,[\mathbf{R}, \mathbf{T}] = [\mathbf{M}, \mathbf{m}]$.

Notation: Spalten einer Matrix werden mit Kleinbuchstaben und tiefgestelltem Index referenziert, Zeilen mit Großbuchstaben und hochgestelltem Index. Bsp.:

$$\mathbf{P} = [\mathbf{p}_1, \mathbf{p}_2, \mathbf{p}_3, \mathbf{p}_4] = \begin{bmatrix} \mathbf{P}^1 \\ \mathbf{P}^2 \\ \mathbf{P}^3 \end{bmatrix}$$

Optisches Zentrum: Die Position des optischen Zentrums der Kamera ist durch $\mathbf{C} = -\mathbf{R}^{\mathrm{T}}\mathbf{T}$ gegeben. Insbesondere berechnet sich die Projektionsmatrix bei bekanntem $\mathbf{C}$ aus

$$\mathbf{P} = \mathbf{K}\mathbf{R}\,[\mathbf{I}, -\mathbf{C}].$$

Außerdem lässt sich bei gegebener Matrix $\mathbf{P}$ das optische Zentrum gemäß $\mathbf{C} = -\mathbf{M}^{-1}\mathbf{m}$ rekonstruieren.

Bildhauptpunkt: Bei gegebener Matrix $\mathbf{P}$ lässt sich der Bildhauptpunkt $\mathbf{c}$ als Produkt der Untermatrix $\mathbf{M}$ und der letzten Zeile von $\mathbf{M}$ berechnen: $\mathbf{c} = \mathbf{M}\,(\mathbf{M}^3)^{\mathrm{T}}$.

Spalten von $\mathbf{P}$: Der Spaltenvektor $\mathbf{p}_1$ kann als Fluchtpunkt der X-Achse des Weltkoordinatensystems interpretiert werden (zur Begründung veranschauliche man sich, dass $\mathbf{p}_1$ das Abbild eines homogenen Vektors $[1,0,0,0]^{\mathrm{T}}$ ist). Analog sind $\mathbf{p}_2$ und $\mathbf{p}_3$ die Fluchtpunkte der Y- und Z-Achse; $\mathbf{p}_4$ ist das Bild des Ursprungs des Weltkoordinatensystems.

Zeilen von $\mathbf{P}$: Der Zeilenvektor $\mathbf{P}^1$ definiert die y-Achsen-Ebene durch das optische Zentrum $\mathbf{C}$ und die Bildgerade $x = 0$ (Begründung: Gilt für einen gegebenen Punkt $\mathbf{X}$ die Beziehung $\mathbf{P}^1\mathbf{X} = 0$, so wird $\mathbf{X}$ auf die y-Achse des Bildkoordinatensystems abgebildet). Entsprechend repräsentiert $\mathbf{P}^2$ die Ebene durch $\mathbf{C}$ und die x-Achse mit $y = 0$. $\mathbf{P}^3$ ist die so genannte Hauptebene der Kamera, also die zur Bildebene parallele Fläche durch $\mathbf{C}$.

Tabelle 2.1: Eigenschaften der Projektionsmatrix $\mathbf{P}$.

für die Berechnung der Bildposition eines Raumpunktes $\mathbf{X}_W$ nach Gln. (2.9) und (2.1).

Die Inversion von Gl. (2.10) wird ebenfalls häufig benötigt und durch die Funktion $\mathbf{\Pi}^{-1}$ ausgedrückt. Allerdings ist die Umkehrung der Projektion nicht eindeutig möglich. Es lässt sich leicht zeigen, dass die Menge aller möglichen Raumpunkte zu einer Bildposition $\mathbf{x}_C$ durch die Gerade $g_{\mathbf{x}_C}$ mit

$$g_{\mathbf{x}_C} : \quad \mathbf{X}_W = \mathbf{C} + \mu \mathbf{R}^{\mathrm{T}} \mathbf{K}^{-1} \mathbf{x}_C , \quad \mu \in \mathbb{R}. \tag{2.11}$$

gegeben ist. Erst wenn Zusatzinformation eingebracht wird, ist eine eindeutige Rekonstruktion von $\mathbf{X}_W$ möglich. Nehmen wir beispielsweise an, dass die Entfernung Z_W eines Raumpunktes bekannt ist, so kann $\mathbf{X}_W$ als Schnittpunkt der Gerade $g_{\mathbf{x}_C}$ und der Ebene $[0,0,1]\,\mathbf{X}_W = Z_W$ bestimmt werden. Damit ergibt sich für die 3D-Rekonstruktion eines Bildpunktes $\mathbf{x}_C$ bei gegebener Tiefe Z_W

$$\mathbf{X}_W = \mathbf{\Pi}^{-1}\left(\mathbf{x}_C, Z_W\right) = \mathbf{C} + \mu_W \mathbf{R}^{\mathrm{T}} \mathbf{K}^{-1} \mathbf{x}_C , \tag{2.12}$$

wobei μ_W entsprechend der Schnittbedingung einer Geraden mit einer Ebene aus

$$\mu_W = \frac{Z_W - [0,0,1]\,\mathbf{C}}{[0,0,1]\,\mathbf{R}^{\mathrm{T}} \mathbf{K}^{-1} \mathbf{x}_C} \tag{2.13}$$

berechnet werden kann.

2.1.2 Linsenverzeichnung

Im Allgemeinen beschreibt das bisher dargestellte perspektivische Modell den realen Abbildungsprozess nur näherungsweise. Gerade bei Kameras mit kostengünstigen Objektiven ist häufig zu beobachten, dass geradlinige Strukturen im Raum keine geradlinigen Bildstrukturen erzeugen (s. Bild 2.4). In solchen Fällen ist ein einfaches Lochkameramodell nicht mehr ausreichend, und es muss zusätzlich die sog. *Linsenverzeichnung* (engl. *lens distortion*) berücksichtigt werden.

In praktischen Untersuchungen zeigte sich, dass die Linsenverzeichnung für die meisten Optiken in *radial-symmetrische* sowie *radial-asymmetrische und tangentiale* Anteile separiert werden kann (s. z. B. [Luhmann 2003; Heikkila u. Silven 1997]). Dazu wird angenommen, dass sich die verzeichneten, realen Bildkoordinaten $(x_D, y_D)^{\mathrm{T}}$ aus den idealen Koordinaten $(x_C, y_C)^{\mathrm{T}}$ des Lochkameramodells gemäß folgender Gleichung ergeben:

$$\begin{bmatrix} x_D \\ y_D \end{bmatrix} = \begin{bmatrix} x_C \\ y_C \end{bmatrix} + \Delta\mathbf{x}_{\mathrm{r}} + \Delta\mathbf{x}_{\mathrm{t}} . \tag{2.14}$$

a) 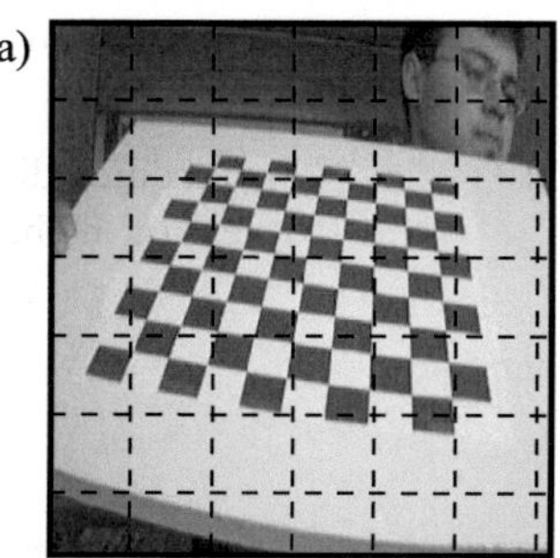
b) 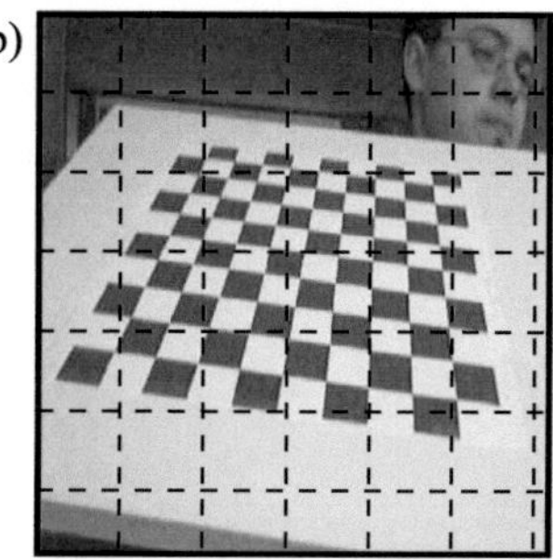

Bild 2.4: Beispiel für Linsenverzeichnung: a) Originalbild ohne Korrektur der Verzeichnung (z. B. besonders deutlich an der Brettunterkante), b) entzerrtes Kamerabild.

$\Delta \mathbf{x}_\mathrm{r}$ bezeichnet den radial-symmetrischen Anteil, welcher durch Brechungsänderungen an den Linsen des Objektivs entsteht. Dieser Effekt wird üblicherweise in Form einer Reihenentwicklung ausgedrückt (vgl. [Brown 1971]),

$$\Delta \mathbf{x}_\mathrm{r} = \begin{bmatrix} (x_C - c_x)\left(\kappa_1 r^2 + \kappa_2 r^4 + \ldots\right) \\ (y_C - c_y)\left(\kappa_1 r^2 + \kappa_2 r^4 + \ldots\right) \end{bmatrix}, \tag{2.15}$$

wobei r den Abstand des betrachteten Bildpunktes zum Bildhauptpunkt spezifiziert:

$$r^2 = (x_C - c_x)^2 + (y_C - c_y)^2 \; . \tag{2.16}$$

κ_1 und κ_2 bezeichnen die Koeffizienten der radialen Verzeichnung. Weitere radial-symmetrische Anteile höherer Ordnung müssen in der Praxis zumeist nicht berücksichtigt werden.

Die radial-asymmetrische und tangentiale Verzeichnung tritt auf, wenn die Linsen eines Objektives nicht kollinear angebracht sind. Dieser Effekt wurde von [Brown 1971] untersucht und kann in der praktischen Anwendung zumeist mit zwei Parametern τ_1 und τ_2 hinreichend genau beschrieben werden:

$$\Delta \mathbf{x}_\mathrm{t} = \begin{bmatrix} 2\,\tau_1\,(x_C - c_x)\,(y_C - c_y) + \tau_2\left(r^2 + 2\,(x_C - c_x)^2\right) \\ \tau_1\left(r^2 + 2\,(y_C - c_y)^2\right) + 2\,\tau_2\,(x_C - c_x)\,(y_C - c_y) \end{bmatrix} . \tag{2.17}$$

In der Praxis können Gln. (2.15) und (2.17) verwendet werden, um eine Entzerrung des Bildes vorzunehmen (Bild 2.4). Dadurch kann in den nachfolgenden Verarbeitungsschritten (wie z. B. einer Stereorekonstruktion) mit dem idealen Lochkameramodell gearbeitet werden, wodurch zumeist eine starke Vereinfachung der verwendeten Algorithmen möglich ist.

Effekte der Linsenverzeichnung werden im weiteren Verlauf dieser Arbeit nicht berücksichtigt. Zwar sind die entwickelten Verfahren prinzipiell auch zur Bestimmung der Koeffizienten $\kappa_1, \kappa_2, \tau_1$ und τ_2 einsetzbar, entsprechende Untersuchungen wurden aber noch nicht durchgeführt.

2.2 Modell eines Stereokamerasystems

Ein Stereosystem besteht aus zwei nicht notwendigerweise baugleichen Kameras, die mit den in Kap. 2.1 dargestellten Modellen beschrieben werden können. Um die unterschiedlichen Parametersätze der Kameras zu trennen, werden die Indizes „L" und „R" verwendet. Z. B. werden die intrinsischen Parameter der linken bzw. rechten Kamera entsprechend Gl. (2.8) mit

$$
\mathbf{K}_L = \begin{bmatrix} f_L & \beta_L & c_{L,x} \\ 0 & \alpha_L f_L & c_{L,y} \\ 0 & 0 & 1 \end{bmatrix} \quad \text{und} \quad \mathbf{K}_R = \begin{bmatrix} f_R & \beta_R & c_{R,x} \\ 0 & \alpha_R f_R & c_{R,y} \\ 0 & 0 & 1 \end{bmatrix} \tag{2.18}
$$

bezeichnet.

Von praktischer Relevanz für die extrinsische Modellierung der Stereokameras ist die Datumsfestlegung, also die Wahl eines geeigneten Weltkoordinatensystems. In dieser Arbeit werden zwei unterschiedliche Modellformen verwendet:

1. Häufig wird das Weltkoordinatensystem so gewählt, dass es mit einem der beiden Kamerakoordinatensysteme übereinstimmt (Bild 2.5a). In dieser Arbeit wird ohne Beschränkung der Allgemeinheit dazu die rechte Stereokamera gewählt, d. h. wir definieren die extrinsischen Parameter $\mathbf{R}_R = \mathbf{I}, \mathbf{T}_R = \mathbf{0}, \mathbf{R}_L = \mathbf{R}_C, \mathbf{T}_L = \mathbf{T}_C$ und erhalten damit die Projektionsmatrizen

$$
\mathbf{P}_R = \mathbf{K}_R \, [\mathbf{I}, \mathbf{0}] \, , \tag{2.19}
$$

$$
\mathbf{P}_L = \mathbf{K}_L \, [\mathbf{R}_C, \mathbf{T}_C] = \mathbf{K}_L \, \mathbf{R}_C \, [\mathbf{I}, -\mathbf{C}_L] \, , \tag{2.20}
$$

wobei $\mathbf{C}_L = -\mathbf{R}_C^{\mathrm{T}} \mathbf{T}_C$ die Position des optischen Zentrums der linke Kamera angibt. Entsprechend Kap. 2.1.1 sind mit diesen Gleichungen auch die Abbildungen $\mathbf{x}_L = \boldsymbol{\pi}_L(\mathbf{X})$ und $\mathbf{x}_R = \boldsymbol{\pi}_R(\mathbf{X})$ eines Raumpunktes in euklidischen Koordinaten definiert.

Die Rotationsmatrix $\mathbf{R}$ hat neun Elemente aber nur drei Freiheitsgrade, da Rotationsmatrizen stets die Bedingung $\mathbf{R}^{\mathrm{T}}\mathbf{R} = \mathbf{I}$ erfüllen (s. Anhang A.1). Um eine minimale Parametrisierung einer Rotation zu erhalten, kommen in dieser Arbeit *Rotationsvektoren* und Repräsentationen als *Nick-, Gier- und*

Wankwinkel zum Einsatz. Eine genaue Beschreibung dieser Darstellungsformen ist in Anhang A.1 zu finden.

Wichtiger Designparameter eines Stereosystems ist die *Basisbreite* $b = |\mathbf{T}|$, welche den Abstand zwischen den optischen Zentren beider Kameras bezeichnet. Die richtige Wahl von b ist ein Kompromiss zwischen zwei widersprüchlichen Anforderungen: Wie in Kap. 2.4 gezeigt wird, bewirkt eine große Basisbreite eine höhere Tiefenauflösung. Andererseits erschwert ein großer Abstand zwischen den Kameras die Suche nach korrespondierenden Punkten in Stereobildern (Kap. 2.3), da sich dann perspektivische Effekte stärker auswirken können und Verdeckungen häufiger auftreten. Vor allem im Nahbereich ist bei großen Basisbreiten zumeist kein Stereosehen möglich.

2. Die im vorherigen Abschnitt beschriebene Standardform des Stereokameramodells hat den Vorteil einer einfachen Handhabbarkeit, da die extrinsischen Parameter lediglich für eine der beiden Kameras benötigt werden. Allerdings ist es bei aktiven Kameras häufig zweckmäßiger, eine andere Datumsfestlegung zu treffen: In Bild 2.5b liegt das Weltkoordinatensystem in der Mitte der Basislinie. Seine Orientierung ist so gewählt, dass die X_W-Achse des globalen Koordinatensystems parallel zur Stereobasis liegt und die Y_W-Achse senkrecht zur Blickrichtung der rechten Kamera steht. Dies ist sinnvoll, da viele aktive Sehsysteme — orientiert an biologischen Vorbildern — die Fähigkeit besitzen, beide Stereokameras unabhängig voneinander zu drehen [Bjorkman u. Eklundh 2002; Gehrig u. a. 2003; Dang u. a. 2006a]. Die Rotationsachsen liegen dabei zumeist nahe der optischen Zentren der Kameras, sodass die Lage der Basislinie auch bei Bewegung einer Kamera näherungsweise konstant bleibt. Detailliertere Ausführungen zum Design und zur Selbstkalibrierung einer aktiven Kamera werden in Kap. 6.2 dargestellt.

Aus Bild 2.5b lassen sich direkt die Projektionsmatrizen $\mathbf{P}_R$ und $\mathbf{P}_L$ beider Kameras ablesen:

$$\mathbf{P}_R = \mathbf{K}_R \mathbf{R}_R \left[\mathbf{I}, -\mathbf{C}_R \right], \tag{2.21}$$

$$\mathbf{P}_L = \mathbf{K}_L \mathbf{R}_L \left[\mathbf{I}, -\mathbf{C}_L \right], \tag{2.22}$$

wobei die Positionen $\mathbf{C}_R$ und $\mathbf{C}_L$ der Kameras allein durch die Basisbreite b bestimmt sind. Die Orientierungen werden zweckmäßig in Gier-, Nick- und Wankwinkeln (Anhang A.1) angegeben:

$$\mathbf{R}_R = \mathbf{R}(\Psi_R, 0, \Theta_R), \quad \mathbf{C}_R = [b/2, 0, 0]^{\mathsf{T}} \tag{2.23}$$

$$\mathbf{R}_L = \mathbf{R}(\Psi_L, \Phi_L, \Theta_L), \quad \mathbf{C}_L = [-b/2, 0, 0]^{\mathsf{T}}. \tag{2.24}$$

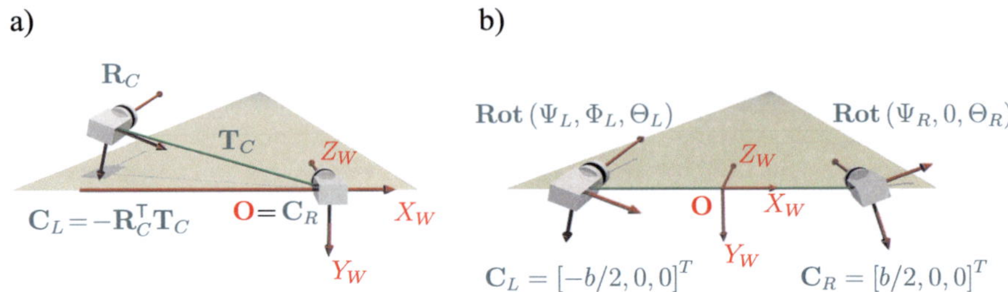

Bild 2.5: Extrinsische Modellierung von Stereokameras: a) Modellierung für ein starres Stereosystem, d. h. das Weltkoordinatensystem stimmt mit dem Koordinatensystem einer Kamera überein, b) Modellierung für ein aktives Stereosystem, d. h. das Weltkoordinatensystem ist mit der starren Basislinie verbunden.

> Der Nickwinkel Φ_R der rechten Kamera verschwindet, da die Orientierung des Weltkoordinatensystems an die Blickrichtung der rechten Kamera gebunden ist.

Insgesamt weist ein Stereokameramodell ohne Linsenverzeichnung zehn intrinsische und sechs extrinsische Parameter auf. Um die praktische Bedeutung dieser Parameter zu analysieren, muss zunächst die Hauptaufgabe eines Stereosystems, also die 3D-Rekonstruktion, genauer beschrieben werden.

2.3   3D-Rekonstruktion aus Stereobildern

Zur Gewinnung von Tiefeninformation aus einem Stereobildpaar müssen prinzipiell zwei Problemstellungen gelöst werden [Faugeras 1995]:

1. Das *Korrespondenzproblem*: Wie lassen sich in Stereobildern Paare von korrespondierenden Bildpunkten $(\mathbf{x}_L, \mathbf{x}_R)$ bestimmen, die dem gleichen Objektpunkt entsprechen?

2. Das *Rekonstruktionsproblem*: Wie kann aus einem gegebenen Korrespondenzpaar $(\mathbf{x}_L, \mathbf{x}_R)$ die Entfernung bzw. die Position des zugehörigen Objektpunktes $\mathbf{X}$ bestimmt werden?

Das Korrespondenzproblem wird durch die sog. *Epipolargeometrie* einer Stereokamera erheblich vereinfacht. Aus Bild 2.6a ist ersichtlich, dass jeder Bildpunkt $\mathbf{x}_L$ mit den beiden optischen Zentren $\mathbf{C}_L$ und $\mathbf{C}_R$ eine Ebene aufspannt, die sowohl den Objektpunkt $\mathbf{X}$ als auch den zugehörigen Punkt $\mathbf{x}_R$ im zweiten Bild

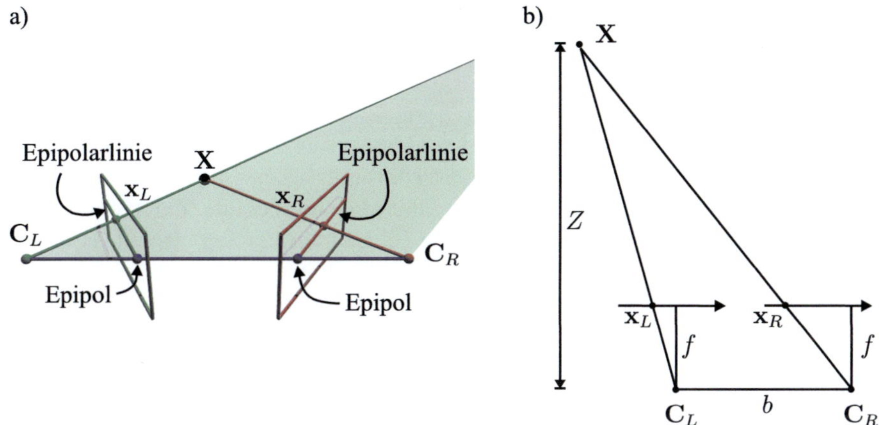

Bild 2.6: a) Epipolargeometrie einer Stereokamera. b) Draufsicht einer rektifizierten Stereoanordnung.

enthält. Die Schnittgeraden dieser Ebene mit den Bildebenen werden *Epipolarlinien* genannt. Alle Epipolarlinien einer Kamera treffen sich im *Epipol*, der dem Bild des optischen Zentrums der jeweils anderen Kamera entspricht. Mit Hilfe der Epipolargeometrie lässt sich eine notwendige Bedingung für die Korrespondenz zweier Bildpunkte angeben:

> Sind $\mathbf{x}_L$ und $\mathbf{x}_R$ Abbildungen des selben Raumpunktes, dann liegt $\mathbf{x}_R$ auf der Halbgeraden, welche durch die von $\mathbf{x}_L$ bestimmte Epipolarlinie und den Epipol im gleichen Bild gegeben ist. Eine entsprechende Aussage gilt für die Lage des Bildpunkts $\mathbf{x}_L$.

Diese *Epipolarbedingung* ist gleichbedeutend mit der Forderung, dass sich die beiden durch $\mathbf{x}_R$ und $\mathbf{x}_L$ definierten Lichtstrahlen in einem Objektpunkt vor den Kameras schneiden. Sie vereinfacht die Korrespondenzanalyse signifikant, indem sie den Suchraum für korrespondierende Punkte auf nur eine Dimension — die Epipolarlinie — beschränkt.

Ein Sonderfall der Epipolargeometrie liegt vor, wenn

- beide Kameras identische intrinsische Parameter aufweisen (insbesondere gelte für die Bildhauptpunkte $\mathbf{c}_L = \mathbf{c}_R =: \mathbf{c}$ und für die Brennweiten $f_L = f_R =: f$),

- die Bildebenen der Kameras komplanar sind und

- die X_C-Achsen beider Kamerakoordinatensysteme parallel zur Basislinie liegen.

Man spricht dann von einem *rektifzierten* Stereosystem (Bild 2.6b). Zwar ist diese Anordnung mechanisch kaum umsetzbar, allerdings können bei bekannten intrinsischen und extrinsischen Kameraparametern reale Stereobilder durch eine geeignete Vorverarbeitung in ideale, rektifizierte Bilder transformiert werden [Pollefeys u. a. 1999; Fusiello u. a. 2000]. Wichtigste Eigenschaft von rektifzierten Stereoanordnungen ist, dass korrespondierende Bildpunkte stets in der gleichen Bildzeile liegen.

Zur Lösung des Korrespondenzproblems bei rektifizierten Stereosystemen existieren in der Literatur viele unterschiedliche Ansätze, auf die an dieser Stelle nicht im Detail eingegangen werden soll. Stattdessen sei auf den exzellenten Übersichtsartikel [Scharstein u. Szeliski 2002] und die „Middlebury Stereo Vision Page"[3] verwiesen, auf der die wichtigsten aktuellen Stereomatchingverfahren verglichen werden. Für die in dieser Arbeit dargestellten Tiefenbilder aus Stereo wurde ein Algorithmus basierend auf den in [Dang u. a. 2002; Hirschmüller u. a. 2002; Dang u. Hoffmann 2005] beschriebenen Verfahren verwendet.

Im Falle rektifizierter Kameras kann das Rekonstruktionsproblem leicht gelöst werden. Aus Bild 2.6b ergibt sich durch Anwendung des Strahlensatzes:

$$\frac{Z}{f} = \frac{b}{x_L - x_R} \quad \Longleftrightarrow \quad Z = \frac{bf}{d} \,. \tag{2.25}$$

Die Größe $d = x_L - x_R$ wird als *Disparität* bezeichnet und ist invers proportional zur Entfernung eines betrachteten Objektpunktes. Die gesuchte 3D-Position $\mathbf{X}$ ist mit Gln. (2.25) und (2.12) direkt berechenbar.

Auch für den Fall nicht-rektifizierter Stereokameras kann bei bekannten Kameraparametern ein entsprechendes Triangulationsverfahren angegeben werden. Im Besonderen wurde von [Hartley u. Sturm 1997] ein iterativer Algorithmus vorgeschlagen, welcher die 3D-Position eines Objektpunktes aus fehlerbehafteten Punktkorrespondenzen $(\hat{\mathbf{x}}_L, \hat{\mathbf{x}}_R)$ bestimmt. Die optimale Position $\hat{\mathbf{X}}$ ist dabei diejenige, deren Projektionen in die Bildebenen minimalen Abstand zu den gegebenen Koordinaten $(\hat{\mathbf{x}}_L, \hat{\mathbf{x}}_R)$ aufweisen.

---

[3]Im Internet unter `http://www.middlebury.edu/stereo`.

2.4 Einfluss von Kalibrierungsfehlern auf die 3D-Rekonstruktion

Ziel dieses Unterkapitels ist es, Auswirkungen von Fehlern in der Kamerakalibrierung auf eine stereoskopische 3D-Rekonstruktion zu untersuchen und damit die Bedeutung der individuellen Kameraparameter für die Stereoselbstkalibrierung zu bewerten. Dies ist kein einfaches Unterfangen, da eine exakte Analyse nicht nur das Rekonstruktionsproblem, sondern auch die Auswirkungen von fehlerbehafteten Kameraparametern auf eine Stereokorrespondenzanalyse berücksichtigen muss. Wie im vorangehenden Kapitel gezeigt, beschränken Stereoalgorithmen den Suchraum für korrespondierende Bildpunkte gewöhnlich auf Epipolarlinien, welche durch die intrinsischen und extrinsischen Kameraparameter gegeben sind. Ist die Genauigkeit der Kamerakalibrierung dabei nicht ausreichend, liegen korrespondierende Punkte nicht im verwendeten Suchbereich, und ein Matching-Verfahren wird zwangsläufig scheitern.

Eine genaue stochastisch motivierte Analyse, inwieweit eine Kamerakalibrierung die Genauigkeit der Stereorekonstruktion beeinflusst, wird in [Kanatani 1996] vorgestellt. In dieser Arbeit wird ein zweistufiges Verfahren zur 3D-Rekonstruktion vorgestellt: Zunächst wird jedes gefundene Punktepaar optimal korrigiert, d. h. die Bildpunkte werden minimal verschoben, sodass sie die Epipolarbedingung erfüllen und sich damit ihre Lichtstrahlen in einem Punkt im Raum treffen. Anschließend werden die korrigierten Positionen zur Triangulation verwendet. Durch jede dieser beiden Stufen werden die Unsicherheiten der Kameraparameter propagiert, um die Empfindlichkeit der Tiefenrekonstruktion gegenüber Fehlern in der Kamerakalibrierung zu bewerten. Allerdings sind die so erhaltenen Ausdrücke sehr komplex und verschließen sich einer direkten, anschaulichen Deutung. Weitere Arbeiten zur Empfindlichkeit der Stereopsis gegenüber Ungenauigkeiten in der Kamerakalibrierung werden in [Xiong u. Matthies 1997; Das u. Ahuja 1995] vorgestellt, allerdings mit einschränkenden Annahmen wie exakt parallelen optischen Achsen der Kameras oder Kalibrierungsfehlern, die sich allein in einer vertikalen Verschiebung der Bildebene äußern. Hier wird deshalb ein anderen Ansatz verfolgt, um die Auswirkungen von Kalibrierungsfehlern auf eine Korrespondenzanalyse entlang der Epipolarlinien zu untersuchen. In ähnlicher Form wurde in [Bansal u. a. 2005] eine Analyse der zulässigen Toleranzen einiger Kameraparameter vorgestellt.

Für die Empfindlichkeitsanalyse wird eine rektifizierte Stereoanordnung gemäß Kap. 2.3 angenommen, welche sich z. B. mit Hilfe der von [Fusiello u. a. 2000] vorgeschlagenen Transformationsmethode erzeugen lässt. Insbesondere seien nach einer idealen Rektifizierung die Bildhauptpunkte und Brennweiten im linken und rechten Bild identisch und durch die Größen $\mathbf{c} = (c_x, c_y)^{\mathrm{T}}$ bzw. f gegeben. Aus einer bekannten Disparität $d = x_L - x_R$ zwischen zwei korrespondierenden Bildpunkten $\mathbf{x}_L$ und $\mathbf{x}_R$ kann nach Gln. (2.25) und (2.12) die 3D-Position des betrachteten Objektpunktes rekonstruiert werden:

$$\begin{pmatrix} X \\ Y \\ Z \end{pmatrix} = \frac{b}{d} \begin{pmatrix} x_R - c_x \\ y_R - c_y \\ f \end{pmatrix} + \begin{pmatrix} b/2 \\ 0 \\ 0 \end{pmatrix} = \frac{b}{d} \begin{pmatrix} x_L - c_x \\ y_L - c_y \\ f \end{pmatrix} - \begin{pmatrix} b/2 \\ 0 \\ 0 \end{pmatrix} . \qquad (2.26)$$

Werden alle Größen in normalisierten Koordinaten $\mathbf{x}_N = \mathbf{K}^{-1}\mathbf{x}$ angegeben, so erhält man aus Gl. (2.26)

$$\begin{pmatrix} X \\ Y \\ Z \end{pmatrix} = \frac{b}{d_N} \begin{pmatrix} x_{R,N} \\ y_{R,N} \\ 1 \end{pmatrix} + \begin{pmatrix} b/2 \\ 0 \\ 0 \end{pmatrix} = \frac{b}{d_N} \begin{pmatrix} x_{L,N} \\ y_{L,N} \\ 1 \end{pmatrix} - \begin{pmatrix} b/2 \\ 0 \\ 0 \end{pmatrix} . \qquad (2.27)$$

Dabei bezeichnet $d_N = d/f$ die normalisierte Disparität zwischen den Bildkoordinaten $\mathbf{x}_{R,N}$ und $\mathbf{x}_{L,N}$.

Abweichungen von den wahren Kameraparametern beeinflussen die Qualität der Rektifizierung. Dies bedeutet, dass Bildkoordinaten $\hat{\mathbf{x}}_L, \hat{\mathbf{x}}_R$ einer nicht-ideal rektifizierten Stereoanordnung von den erwarteten Koordinaten $\mathbf{x}_L, \mathbf{x}_R$ bei einer fehlerfreien Rektifizierung abweichen:

$$\hat{\mathbf{x}}_L = \mathbf{x}_L + \boldsymbol{\Delta}\mathbf{x}_L , \quad \hat{\mathbf{x}}_R = \mathbf{x}_R + \boldsymbol{\Delta}\mathbf{x}_R . \qquad (2.28)$$

Die Abweichungen $\boldsymbol{\Delta}\mathbf{x}_L$ und $\boldsymbol{\Delta}\mathbf{x}_R$ sind dabei abhängig von den fehlerhaften Kameraparametern und den wahren Bildpositionen. Daraus ergeben sich zwei wichtige Konsequenzen für die praktische Auswertung von Stereobildern:

1. *Vertikale Ausrichtungsfehler Δy*: Aufgrund von Kalibrierungsfehlern kann es vorkommen, dass auch in rektifizierten Stereobildern korrespondierende Bildpunkte nicht länger in der selben Bildzeile und damit außerhalb des Suchbereichs der Korrespondenzanalyse liegen. Um ein Scheitern der Stereoauswertung zu verhindern, sollte deshalb der vertikale Ausrichtungsfehler $\Delta y = \hat{y}_L - \hat{y}_R$ in der Praxis kleiner als ein Pixel sein.

2. *Disparitätsfehler Δd*: Horizontale Fehler in den Bildkoordinaten resultieren in einer fehlerhaften Stereodisparität $\hat{d} = \hat{x}_L - \hat{x}_R = d + \Delta d$. Aus Gl. (2.26) und (2.27) ergibt sich damit für die Tiefenrekonstruktion eine Abweichung ΔZ von der wahren Entfernung Z gemäß

$$\Delta Z = \frac{\partial Z}{\partial d} \, \Delta d = \frac{Z^2}{bf} \, \Delta d = \frac{Z^2}{b} \, \Delta d_N . \qquad (2.29)$$

Bei gegebenen Disparitätsfehlern Δd bzw. Δd_N in normalisierten Bildkoordinaten nimmt also die Ungenauigkeit der Positionsschätzung quadratisch mit der Entfernung zu.

Bei der weiteren Empfindlichkeitsanalyse wird nun die Annahme getroffen, dass Fehler in den einzelnen Kameraparametern unabhängig voneinander sind. Damit vereinfacht sich die Untersuchung, da sich Fehlereinflüsse superponieren lassen und jeder Parameter individuell betrachtet werden darf. Exemplarisch betrachten wir zunächst die Auswirkungen eines fehlerhaften Gierwinkels $\Delta\Psi_L$ der linken Kamera auf die rektifizierten Stereobilder. Nach Gl. (2.22) gilt für die resultierenden normalisierten Koordinaten des linken Bildes

$$\begin{pmatrix} \hat{x}_{L,N} \\ \hat{y}_{L,N} \\ 1 \end{pmatrix} \sim \Delta\Omega_L \left[\mathbf{I}, \begin{pmatrix} b/2 \\ 0 \\ 0 \end{pmatrix} \right] \begin{pmatrix} X \\ Y \\ Z \\ 1 \end{pmatrix}, \tag{2.30}$$

wobei

$$\Delta\Omega_L = \begin{bmatrix} \cos\Delta\Psi_L & 0 & \sin\Delta\Psi_L \\ 0 & 1 & 0 \\ -\sin\Delta\Psi_L & 0 & \cos\Delta\Psi_L \end{bmatrix} \tag{2.31}$$

eine durch die Störung $\Delta\Psi_L$ induzierte Rotation um die Y-Achse darstellt. Beschränken wir uns zudem auf eine Approximation erster Ordnung, so folgt für den Einfluss des Gierwinkelfehlers auf die Bildpositionen der rektifizierten linken Kamera

$$\Delta\mathbf{x}_{L,N} \approx \left.\frac{\partial\mathbf{x}_N}{\partial\Psi_L}\right|_{\Psi_L=0} \Delta\Psi_L \tag{2.32}$$

bzw. in Pixelkoordinaten

$$\Delta\mathbf{x}_L \approx \left.\frac{\partial\mathbf{x}}{\partial\mathbf{x}_N}\frac{\partial\mathbf{x}_N}{\partial\Psi_L}\right|_{\Psi_L=0} \Delta\Psi_L\,. \tag{2.33}$$

Zur Berechnung dieser Beziehung wird in Gl. (2.30) die 3D-Position mit Hilfe von Gl. (2.27) eliminiert. Anschließend erhält man unter Verwendung von Gl. (2.1) die gesuchte Abweichung in euklidischen Koordinaten

$$\Delta\mathbf{x}_{L,N} \approx \begin{pmatrix} 1 + x_{L,N}^2 \\ x_{L,N}y_{L,N} \end{pmatrix} \Delta\Psi_L\,. \tag{2.34}$$

Nahe des Bildhauptpunktes führt also eine kleine Abweichung im Gierwinkel in grober Näherung zu einem vernachlässigbaren Fehler senkrecht zur Epipolarlinie, kann aber in einem signifikanten Disparitätsfehler $\Delta d_N = (1 + x_{L,N}^2)\Delta\Psi_L$ (in normalisierten Koordinaten) resultieren. Mit Gl. (2.29) erhalten wir für den Fehler der Tiefenrekonstruktion

$$\Delta Z = \frac{Z^2}{b}\left(1 + x_{L,N}^2\right)\Delta\Psi_L\,,\tag{2.35}$$

Wie leicht gezeigt werden kann, führt ein Fehler im Gierwinkel der rechten Kamera formal zum gleichen Ergebnis.

Fehler in den intrinsischen Kameraparametern lassen sich in ähnlicher Weise behandeln. Betrachten wir z. B. die Auswirkungen einer Störung $\Delta\mathbf{c}_L = [\Delta c_{L,x}, \Delta c_{L,y}]^T$ der Koordinaten des Bildhauptpunktes der linken Kamera. Die resultierenden Bildkoordinaten sind dann durch

$$\begin{pmatrix}\hat{x}_L\\\hat{y}_L\\1\end{pmatrix} \sim \begin{bmatrix}f & 0 & c_{L,x}+\Delta c_{L,x}\\0 & f & c_{L,y}+\Delta c_{L,y}\\0 & 0 & 1\end{bmatrix}\left[\mathbf{I}\ \middle|\ \begin{pmatrix}b/2\\0\\0\end{pmatrix}\right]\begin{pmatrix}X\\Y\\Z\\1\end{pmatrix}\tag{2.36}$$

gegeben. Mit Gl. (2.26) erhalten wir daraus die Abweichung

$$\Delta\mathbf{x}_L = \Delta\mathbf{c}_L\,.\tag{2.37}$$

In Tab. 2.2 sind die linearen Empfindlichkeiten der vertikalen Ausrichtungsfehler, Disparitätsfehler und Entfernungsunsicherheiten gegenüber Störungen der verschiedenen intrinsischen und extrinsischen Kameraparameter zusammengefasst. Die angeführten Ergebnisse gelten dabei gleichermaßen für die linke wie für die rechte Kamera. Es fällt auf, dass eine Verschiebung $\Delta\mathbf{c}_L$ des Bildhauptpunkts zumindest für kleine Blickwinkel als eine Superposition von Gier- und Nickwinkelfehlern betrachtet werden kann. Anschaulich bedeutet dies, dass eine fehlerhafte Position des Bildhauptpunktes teilweise durch Anpassung von Gier- und Nickwinkel kompensiert werden kann. Daraus lässt sich ableiten, dass ein Algorithmus zur Selbstkalibrierung von Stereokameras auf eine Schätzung der Bildhauptpunkte verzichten kann, ohne dabei gravierende Einbußen in der Genauigkeit der 3D-Rekonstruktion hinnehmen zu müssen. Diese Aussage wird auch durch die experimentellen Ergebnisse in [Zhang u. a. 1996] unterstützt. Eine weitere wichtige Beobachtung ist, dass die Auswirkungen der meisten Parameterunsicherheiten auf die Entfernungsmessung linear mit dem Abstand zum Bildhauptpunkt zunehmen. Anders formuliert können also Objekte, die nahe an den Zentren der rektifizierten Bilder liegen, zumeist genauer lokalisiert werden als Objekte an den Bildrändern.

Aus der in diesem Kapitel dargestellten Empfindlichkeitsanalyse lässt sich erkennen, dass ein Algorithmus zur Selbstkalibrierung von Stereokameras sinnvollerweise zumindest die Brennweiten f_L, f_R beider Kameras sowie fünf Parameter

Fehlerquelle	Auswirkung auf Bildkoordinaten (Index „N" bezeichnet normalisierte Koordinaten)	Disparitätsfehler Δd und vertikaler Ausrichtungsfehler Δy	Lineare Empfindlichkeit
Gierwinkelfehler $\Delta\Psi_L$	$\Delta\mathbf{x}_{L,N} \approx \begin{pmatrix} 1+x_{L,N}^2 \\ x_{L,N}y_{L,N} \end{pmatrix}\Delta\Psi_L$	$\Delta d \approx f(1+x_{L,N}^2)\Delta\Psi_L$ $\Delta y \approx fx_{L,N}y_{L,N}\Delta\Psi_L$	$\dfrac{\Delta Z}{\Delta\Psi_L} \approx -\dfrac{Z^2}{b}(1+x_{L,N}^2)$
Nickwinkelfehler $\Delta\Phi_L$	$\Delta\mathbf{x}_{L,N} \approx -\begin{pmatrix} x_{L,N}y_{L,N} \\ 1+y_{L,N}^2 \end{pmatrix}\Delta\Phi_L$	$\Delta d \approx -fx_{L,N}y_{L,N}\Delta\Phi_L$ $\Delta y \approx -f(1+y_{L,N}^2)\Delta\Phi_L$	$\dfrac{\Delta Z}{\Delta\Phi_L} \approx \dfrac{Z^2}{b}x_{L,N}y_{L,N}$
Wankwinkelfehler $\Delta\Theta_L$	$\Delta\mathbf{x}_{L,N} \approx \begin{pmatrix} -y_{L,N} \\ x_{L,N} \end{pmatrix}\Delta\Theta_L$	$\Delta d \approx (y_L-c_y)\Delta\Theta_L$ $\Delta y \approx (x_L-c_x)\Delta\Theta_L$	$\dfrac{\Delta Z}{\Delta\Theta_L} \approx \dfrac{Z^2}{b}y_{L,N}$
Basisbreitenfehler Δb	$\Delta\mathbf{x}_{L/R,N} \approx \pm\begin{pmatrix} \frac{d_N}{2b} \\ 0 \end{pmatrix}\Delta b$	$\Delta d \approx \dfrac{\Delta b}{b}d$ $\Delta y \approx 0$	$\dfrac{\Delta Z}{\Delta b} \approx \dfrac{Z}{b}$
Hauptpunktverschiebung $\Delta\mathbf{c}_L$	$\Delta\mathbf{x}_L \approx \Delta\mathbf{c}_L$	$\Delta d \approx \Delta c_{L,x}$ $\Delta y \approx \Delta c_{L,y}$	$\dfrac{\Delta Z}{\Delta c_{L,x}} \approx \dfrac{Z^2}{bf}$
Brennweitenfehler Δf_L (eine Kamera)	$\Delta\mathbf{x}_L \approx (\mathbf{x}_L-\mathbf{c})\dfrac{\Delta f_L}{f}$	$\Delta d \approx (x_L-c_x)\dfrac{\Delta f_L}{f}$ $\Delta y \approx (y_L-c_y)\dfrac{\Delta f_L}{f}$	$\dfrac{\Delta Z}{\Delta f_L} \approx \dfrac{Z^2}{bf^2}(x_L-c_x)$
Brennweitenfehler Δf (beide Kameras)	$\Delta\mathbf{x}_{L/R} \approx (\mathbf{x}_{L/R}-\mathbf{c})\dfrac{\Delta f}{f}$	$\Delta d \approx \dfrac{\Delta f}{f}d$ $\Delta y \approx 0$	$\dfrac{\Delta Z}{\Delta f} \approx \dfrac{Z}{f}$

Tabelle 2.2: Lineare Empfindlichkeit der Stereorekonstruktion bezüglich Fehlern in der Kamerakalibrierung.

der extrinsischen Orientierung bestimmen sollte. Der sechste Freiheitsgrad der äußeren Orientierung (sinnvollerweise die Basisbreite b) wird als konstant angenommen, da jede Selbstkalibrierung die Kameraparameter nur bis auf einen skalaren Faktor bestimmen kann. Indem wir b als bekannt voraussetzen, definieren wir also den unbeobachtbaren Maßstab unseres Weltkoordinatensystems. Die Koordinaten der Bildhauptpunkte $\mathbf{c}_L, \mathbf{c}_R$ werden nicht bestimmt, da sie nur einen geringen Einfluss auf die 3D-Rekonstruktion haben.

3   Merkmalsextraktion

Grundlegend für eine Selbstkalibrierung ist die zuverlässige Bestimmung von korrespondierenden Punkten in Bildfolgen. Dabei müssen zwei Kategorien von Punktkorrespondenzen unterschieden werden: zeitliche Korrespondenzen zwischen aufeinander folgenden Bildern einer Kamera und räumliche Korrespondenzen zwischen rechter und linker Kamera der Stereoanordnung.

Bei einer stereoskopischen Selbstkalibrierung ergeben sich dabei im Besonderen folgende Schwierigkeiten für die Merkmalsextraktion:

- Die Korrespondenzsuche ist zumeist eine sehr rechenaufwändige Operation. Um einen praktischen Einsatz einer Selbstkalibrierung zu ermöglichen, sind deshalb geeignete Vereinfachungen und besondere Sorgfalt bei der Implementierung notwendig.

- Große Abstände zwischen den optischen Zentren zweier Kameras oder starke Verdrehungen der Kameras gegeneinander, wie sie beispielsweise bei einem aktiven Stereosystem auftreten können, induzieren u.U. große Verschiebungen zwischen korrespondierenden Bildpunkten. Außerdem können entsprechende Bildregionen in beiden Kamerabildern signifikante perspektivische Verzerrungen aufweisen. In solchen Fällen sind gradientenbasierte Matchingverfahren (vgl. Kap. 3.1) oftmals ungeeignet.

- Bei der Verfolgung eines Punktes in Bildsequenzen kommt es fast zwangsläufig zu einer Akkumulation von Positionsfehlern. Werden z. B. in einer Sequenz stets korrespondierende Bildblöcke in aufeinanderfolgenden Bildern gesucht, so wächst die Positionsunsicherheit in grober Näherung mit $\sqrt{k}$, wobei k die Anzahl der betrachteten Bilder angibt, in denen der verfolgte Punkt zugeordnet werden konnte.

Um diesen Anforderungen zu genügen, werden in der vorliegenden Arbeit *merkmalsbasierte Verfahren* verwendet, bei denen zunächst markante Bildregionen detektiert und anschließend einander zugeordnet werden. Kapitel 3.1 liefert eine allgemeine Übersicht zu dieser Klasse von Ansätzen. Im Anschluss werden exemplarisch zwei in dieser Arbeit verwendete Methoden detailliert beschrieben: Zum einen ein Blockmatching-Ansatz, bei dem markante Regionen mit ähnlichen Grauwertintensitäten gesucht werden (Kap. 3.2). Zum anderen ein auf SIFT-Merkmalen (*engl. Scale Invariant Feature Transform*, [Lowe 2004]) aufbauendes Verfahren, das auch bei großen Basisbreiten und starken Verdrehungen der Kameras zuverlässige Ergebnisse liefern kann.

3.1 Generelle Struktur einer merkmalsbasierten Korrespondenzsuche

Allgemeine Kategorisierungen von Verfahren zur Bestimmung von 2D-Verschiebungen in Kamerabildern werden beispielsweise in [Stiller u. Konrad 1999; Stiller u. a. 2004; Horn 2006] präsentiert. In der vorliegenden Arbeit liegt allerdings der Schwerpunkt auf merkmalsbasierten Ansätzen zur Korrespondenzanalyse. Für diese Methoden soll im Folgenden ein allgemeines Schema vorgestellt werden.

Die Korrespondenzanalyse lässt sich prinzipiell in Verfahren mit *kontinuierlichem* und *diskretem* Suchraum unterteilen. Die ortskontinuierlichen Ansätze sind im Allgemeinen gradientenbasiert, d. h. sie beruhen auf einer Taylorapproximation des Grauwertbildes im Sinne der sog. *motion constraint equation*[1] [Horn u. Schunk 1981]. Eine umfassende Übersicht und ein Vergleich solcher Ansätze ist beispielsweise in [Barron u. a. 1994] zu finden. Großer Vorteil der gradientenbasierten Verfahren ist, dass sie einen vergleichsweise geringen Rechenaufwand erfordern und auch bei hohen Bildraten in Echtzeit angewendet werden können. Zudem sind die gewonnenen Korrespondenzen aufgrund des kontinuierlichen Parameterraumes subpixelgenau. Nachteilig ist, dass die *motion constraint equation* nur bei kleinen Bildverschiebungen angewendet werden kann. Auch durch den Einsatz von Multiskalen-Ansätzen bzw. Bildpyramiden lässt sich dieses Problem nur bedingt umgehen. Ein bekanntes Beispiel der gradientenbasierten Verschiebungsschätzung für monokulare Sequenzen ist der *KLT-Tracker* (Kanade-Lucas-Tomasi, [Lucas u. Kanade 1981; Tomasi u. Kanade 1991; Shi u. Tomasi 1994]), der bei hohen Bildraten sehr gute Ergebnisse liefert.

Bei ortsdiskreten Verfahren werden Korrespondenzen nur zwischen begrenzten Mengen diskreter Bildpositionen gesucht. Mögliche Positionen können dabei z. B. durch alle ganzzahligen Pixelkoordinaten in einem rechteckigen Suchbereich gegeben sein. Eine stärkere Unterabtastung des Suchraums kann erreicht werden, indem die Korrespondenzsuche auf markante Bildstrukturen wie z. B. Ecken im Bild beschränkt wird. Die Verwendung von Ecken hat außerdem zur Folge, dass homogene Bildregionen, bei denen das Korrespondenzproblem nicht eindeutig gelöst

---

[1]In der Literatur wird diese Beziehung oftmals auch als *Kontinuitätsgleichung für den optischen Fluss* oder *brightness change constraint equation* (vgl. [Jähne 1999, 1997]) bezeichnet.

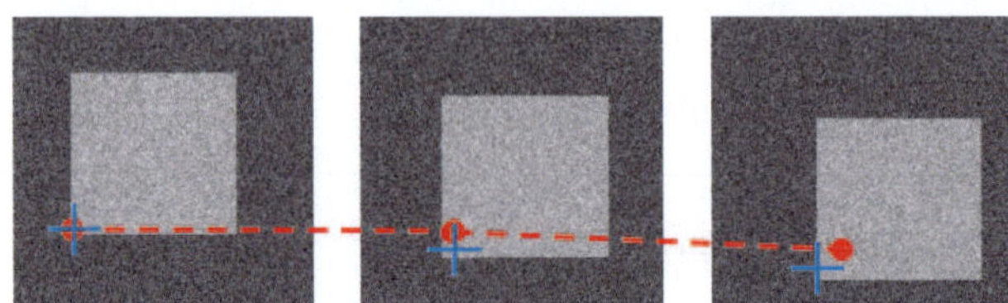

Bild 3.1: Akkumulation von Korrespondenzfehlern über Bildverbände: Werden zur Verfolgung eines Objektpunktes stets korrespondierende Blöcke in aufeinanderfolgenden Bildern einer Sequenz gesucht, so wächst der Lokalisierungsfehler näherungsweise mit $\sqrt{k}$, wobei k die Anzahl der betrachteten Bilder angibt. Werden dagegen z. B. Eckpunkte detektiert und verfolgt, so nimmt die Lokalisierungsunsicherheit langsamer zu.

werden kann (sog. *Blendenproblem*, [Jähne 1997]), prinzipbedingt ausgeschlossen werden. Außerdem kann mit merkmalsbasierten Verfahren die Akkumulation von Positionsfehlern über längere Bildsequenzen verringert werden (s. Bild 3.1).

Ein allgemeines Schema von diskreten Suchverfahren ist in Bild 3.2 dargestellt. Es besteht generell aus den folgenden Verarbeitungsschritten:

1. **Detektion markanter Bildregionen.** Ein idealer Detektor sollte invariant gegenüber perspektivischen Transformationen der betrachteten Region und gegenüber Beleuchtungsänderungen sein. Während letzteres leicht erreicht werden kann, ist die Formulierung eines perspektivisch invarianten Detektors schwierig. Statt dessen wird in der Literatur häufig angenommen, dass sich die Transformation eines lokalen Bildbereichs hinreichend genau durch eine affine Abbildung beschreiben lässt. Eine Vielzahl von Detektoren wurde vorgestellt, die unempfindlich gegenüber unterschiedlichen affinen Transformation sind: Merkmalsoperatoren wie beispielsweise [Shi u. Tomasi 1994; Harris u. Stephens 1988] bewerten die Verteilung von Gradienten in einer Bildregion und sind weitgehend verschiebungs- und rotationsinvariant. Skalierungsinvarianz kann erreicht werden, indem für jede Region eine charakteristische Größe bestimmt wird. Dies geschieht z. B. über einen Laplace-Operator [Lindeberg 1998] oder einen *Difference-of-Gaussians-Operator (DoG)* [Lowe 2004]. Wichtig ist, dass markante Regionen nicht unbedingt nur durch eckenähnliche Strukturen gegeben sein müssen. [Matas u. a. 2002] bestimmen beispielsweise *Maximally Stable Extremal Regions (MSER)*, zusammenhängende Bereiche mit ähnlichem Grauwert, die mit Hilfe einer speziellen Wasserscheidensegmentierung gefunden werden.

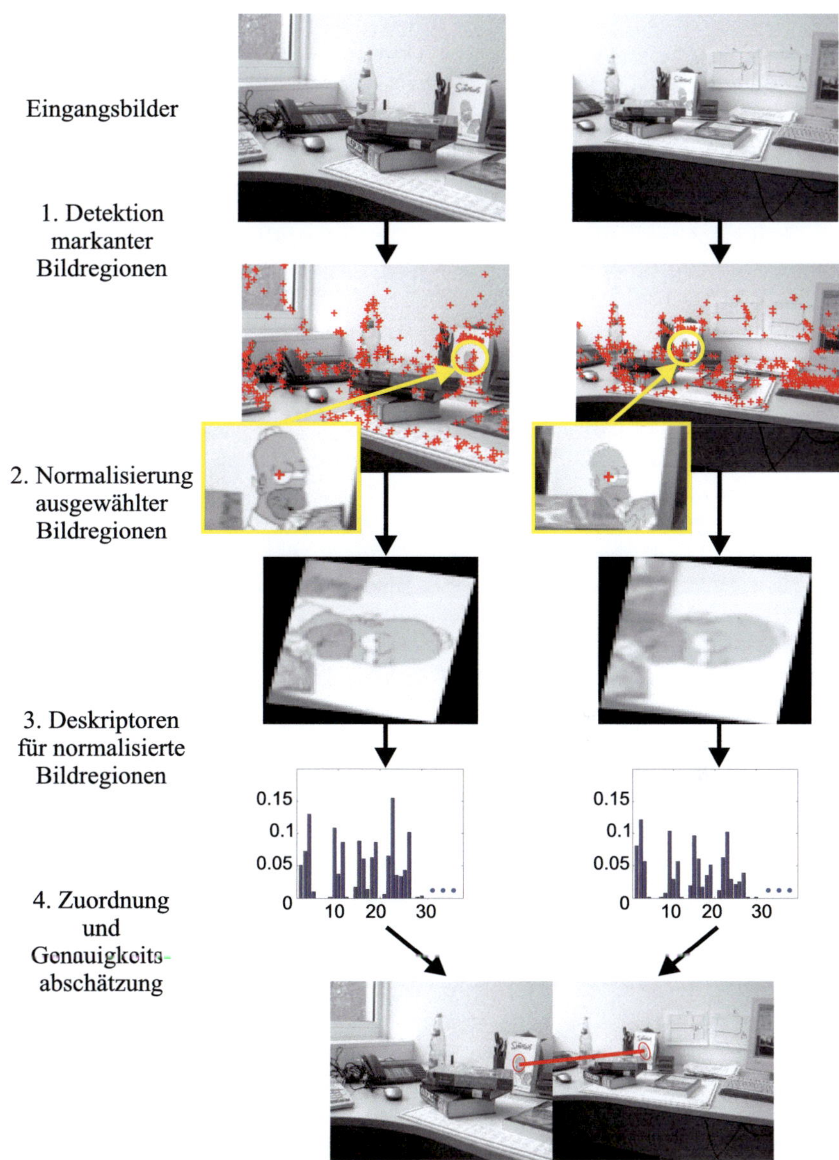

Bild 3.2: Generelle Struktur einer merkmalsbasierten Korrespondenzanalyse.

2. **Normalisierung ausgewählter Bildregionen.** Für eine erfolgreiche Zuordnung von Regionen ist oftmals eine Normalisierung des extrahierten Bildbereichs notwendig. Diese kann die Anpassung der Skalierung (also der Größe der Bildregion), die Ausrichtung an einer dominanten Orientierung sowie die Kompensation unterschiedlicher Beleuchtungen umfassen.

3. **Extraktion lokaler Deskriptoren.** Die einfachste Beschreibungsmöglichkeit einer Bildregion ist der Vektor der Grauwertintensitäten, der beispielsweise beim Blockmatching verwendet wird. Weit verbreitet sind außerdem verteilungsbasierte Deskriptoren: [Lazebnik u. a. 2003] charakterisiert eine Region über das Histogramm der Grauwerte im betrachteten Bereich. Andere Verfahren beziehen sich auf eine Verteilung der Gradienten [Lowe 2004] oder der Kantenpunkte [Belongie u. a. 2002] innerhalb der Bildregion. Wichtig ist dabei auch die Diskretisierung bei der Berechnung der Histogramme: [Lowe 2004] verwendet kartesische Gitter, während beim *shape context matching* [Belongie u. a. 2002] eine Quantisierung in Polarkoordinaten vorgenommen wird. Weitere Ansätze verwenden eine Frequenzanalyse der Bildregion basierend auf Gabor-Filtern oder Wavelets (z. B. [Stollnitz u. a. 1995; Moosmann u. a. 2006]). Eine detaillierte Zusammenfassung weiterer Deskriptoren ist in [Mikolajczyk u. a. 2005] zu finden.

4. **Zuordnung und Genauigkeitsabschätzung.** Die Zuordnung einzelner Merkmale erfolgt über die Minimierung eines Distanzmaßes, z. B. eines einfachen quadratischen Abstands zwischen den Deskriptoren oder einer Mahalanobis-Distanz, bei der die einzelnen Elemente der Beschreibungsvektoren über eine Kovarianzmatrix relativ zueinander gewichtet werden. Gerade für messtechnische Anwendungen ist eine Angabe zur Lokalisationsgenauigkeit der gefundenen Korrespondenzen wichtig. Für einfache Blockmatchingverfahren sind entsprechende Verfahren in der Literatur beschrieben, welche individuell für jede Zuordnung eine Abschätzung der Genauigkeit liefern (z. B. [Stiller u. a. 2004]). Bei komplexeren Verfahren mit verteilungsbasierten Deskriptoren ist eine exakte Analyse noch zu leisten.

Einen ausgezeichneten Überblick verschiedener merkmalsbasierter Verfahren geben [Mikolajczyk u. Schmid 2005; Mikolajczyk u. a. 2005]. Die Autoren untersuchen dabei die Registrierung von Bildern, welche von Kameras mit großen Basisbreiten aufgenommen wurden. Sie berichten, dass der SIFT-Ansatz in den durchgeführten Experimenten die besten Ergebnisse liefert.

Zu beachten ist außerdem, dass nicht alle Schritte des obigen generellen Ansatzes von jedem Verfahren verwendet werden. Beispielsweise besteht beim herkömmlichen Blockmatching der Suchraum oftmals nicht aus markanten Punkten, sondern aus allen Pixeln innerhalb einer bestimmten Region. Eine Skalierung der Regionen kann hier durch adaptive Fenstergrößen erreicht werden, eine Normalisierung der Orientierung wird im Allgemeinen nicht berücksichtigt. Auch beim *shape context matching* wird auf eine Regionennormalisierung verzichtet.

Im Folgenden werden exemplarisch zwei in dieser Arbeit verwendete diskrete Verfahren genauer beschrieben: Ein regionenbasiertes Verfahren, bei dem Korrespondenzen zwischen Ecken im Bild durch einen direkten Vergleich von Bildblöcken bestimmt werden (Kap. 3.2), und ein verteilungsbasierter Ansatz mit SIFT-Deskriptoren (Kap. 3.3).

3.2 Regionenbasierte Korrespondenzanalyse

Als erstes in dieser Arbeit verwendetes Verfahren wird ein Ansatz vorgestellt, der eckenähnliche Strukturen im Bild als markante Bildregionen detektiert. Im Prinzip folgt die regionenbasierte Korrespondenzanalyse dem Schema aus Bild 3.2, allerdings wird aus Gründen der Rechenzeit hier auf eine Anpassung von Orientierung und Größe der betrachteten Bildbereiche verzichtet. Außerdem wird der einfachste Deskriptor verwendet: der Vektor der Grauwertintensitäten innerhalb eines rechteckigen Blocks. Um trotz dieser Vereinfachungen verlässliche Ergebnisse zu erhalten, wird in diesem Unterkapitel besonderes Augenmerk auf eine nachgeschaltete Validierung von Zuordnungen gelegt.

Detektion markanter Bildregionen.

Im Bereich Maschinensehen wurde bereits eine Vielzahl unterschiedlicher Eckendetektoren vorgeschlagen. Prinzipiell können diese in drei Kategorien unterteilt werden: *konturbasierte*, *intensitätsbasierte* und *parametrische* Verfahren [Schmid u. a. 2000]. Konturbasierte Verfahren extrahieren Umrisse und detektieren Stellen mit maximaler Krümmung bzw. Schnittpunkte von Konturen. Intensitätsbasierte Ansätze berechnen die Position von markanten Punkten direkt aus Grauwerten bzw. deren Ableitungen. Modellgestützte Verfahren passen ein Modell der zu findenden Ecke den vorliegenden Grauwerten an. In der Praxis sind die intensitätsbasierten Methoden am weitesten verbreitet, da sie nur einen vergleichsweise geringen Rechenaufwand und keine einschränkenden Annahmen über die erwarteten Strukturen erfordern.

In [Duchow 2003] wurden Vertreter der Klasse der intensitätsbasierten Ansätze implementiert und vergleichend untersucht: Ein verbreiteter nichtlinearer Ansatz ist der *SUSAN-Eckendetektor (Smallest Univalue Segment Assimilating Nucleus, [Smith u. Brady 1997])*: Hier werden in einer kreisförmigen Umgebung jedes Pixels (*nucleus*) diejenigen Pixel gezählt, die einen ähnlichen Grauwert wie der *nucleus* aufweisen. Nimmt diese Anzahl eine lokales Minimum an und liegt zudem unter einem gegebenen Schwellwert, so ist eine Ecke gefunden.

Außerdem wurden zwei weitere Verfahren untersucht, welche Ecken anhand von Grauwertgradienten detektieren. Dies geschieht durch Auswertung des Strukturtensors [Jähne 1997] $\mathbf{M}$ an der Stelle $\mathbf{x}_0$:

$$\mathbf{M}(\mathbf{x}_0) = \int w(\mathbf{x} - \mathbf{x}_0) \begin{bmatrix} \left(\frac{\partial g}{\partial x}\right)^2 & \frac{\partial g}{\partial x}\frac{\partial g}{\partial y} \\ \frac{\partial g}{\partial x}\frac{\partial g}{\partial y} & \left(\frac{\partial g}{\partial y}\right)^2 \end{bmatrix} d\mathbf{x} \,, \tag{3.1}$$

wobei $g(\mathbf{x})$ Grauwertintensitäten an der Bildposition $\mathbf{x} = [x,y]^{\mathrm{T}}$ bezeichnen und $w(\mathbf{x} - \mathbf{x}_0)$ eine um $\mathbf{x}_0$ zentrierte Fensterfunktion definiert. Die Matrix $\mathbf{M}(\mathbf{x}_0)$ beschreibt die Textur in einer lokalen Nachbarschaft: Hat $\mathbf{M}(\mathbf{x}_0)$ den Rang Null, also zwei verschwindende Eigenwerte, so liegt eine homogene Bildregion vor. Ein Rang von Eins weist auf eine Bildkante hin. Hat $\mathbf{M}(\mathbf{x}_0)$ vollen Rang mit zwei großen Eigenwerten, so wurde eine eckenähnliche Struktur gefunden.

Beim ersten gradientenbasiertem Verfahren handelt es sich um den Plessy- oder auch Harris-Eckendetektor [Harris u. Stephens 1988]. Dieser bestimmt diejenigen Punkte, für welche das Maß

$$M_C(\mathbf{x}) = \det \mathbf{M}(\mathbf{x}) - 0.04\, \mathrm{tr}^2\left(\mathbf{M}(\mathbf{x})\right) \tag{3.2}$$

ein lokales Maximum annimmt und gleichzeitig einen Schwellwert überschreitet.

Der Shi-Eckendetektor [Shi u. Tomasi 1994] verwendet die Eigenwerte $\lambda_1, \lambda_2, \lambda_1 \leq \lambda_2$, der Matrix $\mathbf{M}$ direkt. Er detektiert markante Punkte, für welche der kleinere Eigenwert λ_1 ein lokales Maximum erreicht und gleichzeitig einen gegebenen Schwellwert übersteigt.

Fasst man die Erkenntnisse aus [Duchow 2003] zusammen, so kommt man zu folgenden Ergebnissen:

- Der SUSAN-Detektor ist invariant gegenüber Rotation und kann Ecken genau lokalisieren. Die beiden Gradientenverfahren sind ebenfalls weitgehend unempfindlich gegenüber Rotationen, weisen aber systematische Lokalisierungsfehler auf. Andererseits sind der Harris- und Shi-Detektor weitaus weniger anfällig gegenüber Rauschen auf den Bilddaten als der SUSAN-Eckendetektor, der in solchen Fällen deutliche Detektionsunsicherheiten aufweist (Bild 3.3).

- Es besteht ein fundamentaler Konflikt zwischen der Empfindlichkeit gegenüber Rauschen und dem systematischen Lokalisierungsfehler (s. auch [Ro-

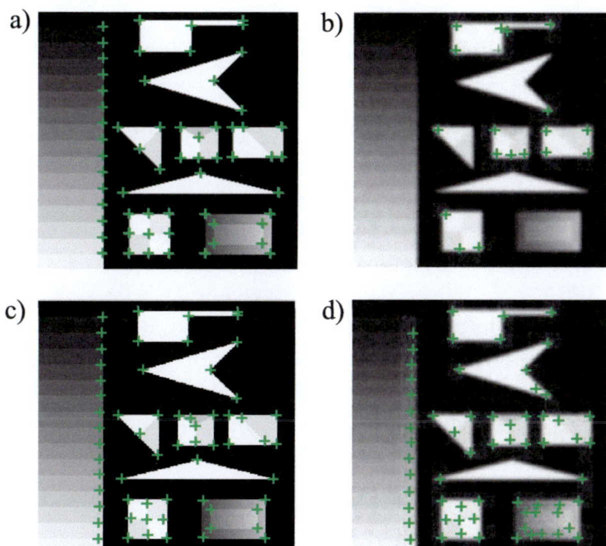

Bild 3.3: Empfindlichkeit verschiedener Eckendetektoren gegenüber Rauschen: a) SUSAN ohne Rauschen b) SUSAN mit additivem Gauß'schen Rauschen c) Harris ohne Rauschen b) Harris mit additivem Gauß'schen Rauschen.

binson u. Milanfar 2004]): Während eine Glättung der Bilder Fehldetektionen unterdrücken kann, vermindert sie gleichzeitig die Lokalisierungsgenauigkeit der Eckendetektion.

- In Experimenten zeigte sich, dass besonders die Rauschempfindlichkeit negative Auswirkungen auf die Verfolgung von Ecken in Bildfolgen hat. Sie bewirkt, dass viele Merkmale in einzelnen Bildern einer Sequenz nicht detektiert werden können. Eine Merkmalsverfolgung über längere Bildverbände wird damit unmöglich. Durch die Lokalisierungsungenauigkeit entsteht dagegen lediglich ein systematischer Fehler, der für ein gegebenes Merkmal innerhalb einer Bildsequenz näherungsweise als konstant betrachtet werden kann. Aus diesem Grund sind die gradientenbasierten Eckendetektoren dem SUSAN-Detektor vorzuziehen.

- Der Shi- und Harris-Eckendetektor liefern ähnliche Ergebnisse. Das Verfahren nach [Harris u. Stephens 1988] hat aber leichte Vorteile, da es im Allgemeinen an Bildkanten weniger Fehldetektionen aufweist als der Ansatz von [Shi u. Tomasi 1994].

Aus den oben angeführten Gründen wird die Verwendung eines subpixelgenauen Harris-Eckendetektors zur Extraktion markanter Bildregionen vorgeschlagen.

Zuordnung.

Nachdem im vorangehenden Abschnitt markante Bildregionen detektiert wurden, müssen diese nun einander zugeordnet werden. Dazu wird ein einfaches Blockmatching-Verfahren verwendet: Jede detektierte Ecke wird als Mittelpunkt eines markanten Bildblocks der Größe $\mathcal{B}$ (in dieser Arbeit typischerweise 15×15 Pixel) aufgefasst. Um korrespondierende Ecken zu finden, wird zu jedem Block g_1 im ersten Bild der ähnlichste Block g_2 im zweiten Bild gesucht. Zur Bewertung der Ähnlichkeit bzw. Unterschiedlichkeit zweier Bildblöcke wurden in der Literatur verschiedene Distanzmaße vorgeschlagen [Aschwanden u. Guggenbühl 1992]. Für Stereokameras, bei denen in unterschiedlichen Bildern teilweise verschiedene Beleuchtungssituationen auftreten können, eignen sich besonders mittelwertbereinigte Abstandsmaße wie der sog. ZSSD (*Zero-mean Sum of Squared Distances*):

$$\text{ZSSD}(g_1, g_2) = \sum_{\mathbf{x} \in \mathcal{B}} \left[(g_1(\mathbf{x}) - \bar{g}_1) - (g_2(\mathbf{x}) - \bar{g}_2) \right]^2 . \tag{3.3}$$

$g_1(\mathbf{x})$ und $g_2(\mathbf{x})$ bezeichnen dabei Grauwerte an der Position $\mathbf{x}$. $\bar{g}_1$ und $\bar{g}_2$ geben die mittleren Grauwertintensitäten in den Bildblöcken an.

Mit Hilfe eines Suchverfahrens wird jeder Ecke im ersten Bild diejenige Ecke im zweiten Bild zugeordnet, für welche der ZSSD minimal wird. Um dabei Rechenzeit zu sparen, werden ausschließlich Paarungen von Merkmalen berücksichtigt, die innerhalb eines gegeben maximalen Suchbereichs liegen.

Genauigkeitsabschätzung.

Bei messtechnischen Anwendungen ist für jeden Messwert stets eine zugehörige Messunsicherheit anzugeben. Für die Korrespondenzanalyse mittels Blockmatching wird beispielsweise in [Stiller u. a. 2004] eine Methode zur Berechnung der Kovarianzmatrix der 2D-Verschiebung angegeben. In diesem Ansatz wird die Wahrscheinlichkeitsverteilung einer gegeben Zuordnung $(\mathbf{x}_1, \mathbf{x}_2)$ abgeschätzt, indem für alle Bildpositionen einer ausreichend großen Umgebung von $\mathbf{x}_2$ die Distanzmaße des Blockmatchings berechnet werden. Beim herkömmlichen Blockmatching werden ohnehin die Ähnlichkeitsmaße aller Pixelpositionen im festgelegten Suchbereich bestimmt, sodass der erforderliche Mehraufwand für eine Genauigkeitsabschätzung gering ist. Da bei dem in dieser Arbeit verwendeten merkmalsbasierten Verfahren Ähnlichkeiten aber nur an vereinzelten Bildpositionen berechnet werden, ist der beschriebene Ansatz hier nicht zweckmäßig.

Um dennoch eine Messunsicherheit für die Positionen der gefundenen Korrespondenzen angeben zu können, wird hier ein gradientenbasiertes Verfahren

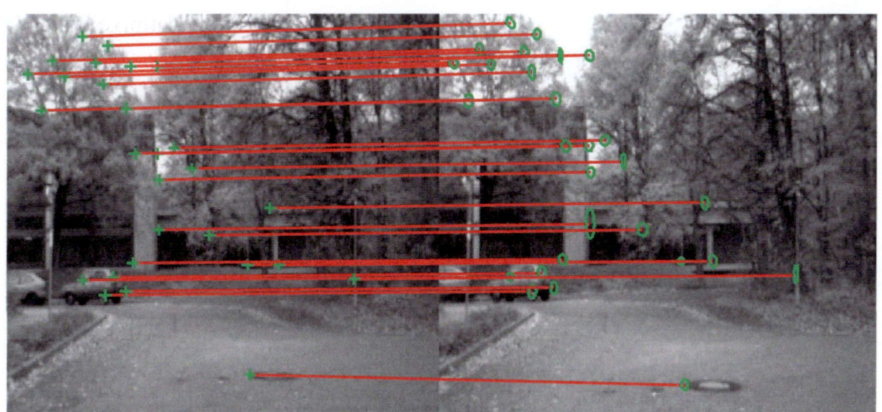

Bild 3.4: Unsicherheit der Korrespondenzsuche zwischen linkem und rechten Stereobild. Zur besseren Sichtbarkeit sind die dargestellten 95%-Konfidenzellipsen zehnfach vergrößert.

verwendet. Mit einer solche Methode kann ohne große Schwierigkeiten die Genauigkeit der Verschiebungsschätzung bestimmt werden (vgl. Anhang A.2). Bild 3.4 veranschaulicht die berechneten Kovarianzmatrizen in Form von 95%-Konfidenzellipsen an einem Beispiel aus dem Straßenverkehr. Aus Gründen der Sichtbarkeit wurden die dargestellten Ellipsen um den Faktor zehn vergrößert.

Validierung verfolgter Merkmale.

Gerade bei der Verfolgung eines Merkmals über lange Bildverbände ist die Validierung der Zuordnungen wichtig: Durch einzelne Fehlzuordnungen oder eine fehlerhafte Merkmalsextraktion kann es beispielsweise vorkommen, dass eine detektierte Region im ersten Bild der Sequenz und der zugeordnete Bereich im aktuellen Bild nicht mehr dem gleichen 3D Objektpunkt entsprechen. Weitere Artefakte entstehen, wenn eine detektierte Ecke im Bild keinem realen markanten 3D-Punkt entspricht: Man betrachte z. B. eine Bildregion, in der sich zwei hintereinander liegende Äste eines Baumes kreuzen. Die Verschiebung dieses Kreuzungspunktes entspricht nicht der tatsächlichen Bewegung der Kamera und ist deshalb nicht für eine Selbstkalibrierung geeignet. Da solche Fehler die Qualität einer Selbstkalibrierung stark beeinflussen können, sollten sie schon während der Merkmalsextraktion eliminiert werden.

In [Shi u. Tomasi 1994] wird ein Verfahren zur Validierung von Korrespondenzen zwischen einer Region g_0 im ersten Bild und einer Region g_k im aktuellen k-ten Kamerabild der Sequenz vorgeschlagen. Es wird vereinfachend angenommen, dass sich bei einer gültigen Korrespondenz beide Bereiche über eine affine 2D-Transformation $\mathbf{A}$ zur Deckung bringen lassen, d. h. die Beziehung

$$g_k(\mathbf{A}\,\mathbf{x}) = g_0(\mathbf{x}) \tag{3.4}$$

sollte für alle Punkte $\mathbf{x}$ der betrachteten Region erfüllt sein.

Als Freiheitsgrade der affinen Transformation werden dabei nur eine Rotation und eine Skalierung der Bildregion in x- und y-Richtung zugelassen. Die aus den vorangehenden Verarbeitungsschritten bekannte Verschiebung der Bildbereiche wird als bekannt und fehlerfrei angenommen. [Shi u. Tomasi 1994] berichten, dass die Hinzunahme von weiteren Freiheitsgraden in der Praxis häufig zu unbefriedigenden Ergebnissen führt. Die affine Transformation lässt sich damit durch eine 2×2-Matrix beschreiben.

Um die Transformationsparameter zu bestimmen, muss der quadratische Fehler

$$D^2 = \sum_{\mathbf{x}\in\mathcal{B}} w(\mathbf{x})\left(g_k(\mathbf{A}\,\mathbf{x}) - g_0(\mathbf{x})\right)^2 \tag{3.5}$$

minimiert werden, wobei durch $w(\mathbf{x})$ eine Gewichtsfunktion gegeben ist. In unseren Beispielen wurde $w(\mathbf{x}) = 1/B$ gesetzt. $B = |\mathcal{B}|$ bezeichnet die Anzahl der Pixel in der Region $\mathcal{B}$. Der quadratische Fehler D^2 ist ein Maß für die Unterschiedlichkeit (engl. *dissimilarity*) der beiden Bereiche g_0 und g_k.

Die Minimierung von Gl. (3.5) erfolgt mit einem iterativen Kleinste-Quadrate-Verfahren. Eine gegebene Zuordnung wird akzeptiert, wenn der Optimierungsalgorithmus innerhalb einer vorgegebenen Anzahl von Iterationen konvergiert und die dabei bestimmte quadratische Unterschiedlichkeit D^2 einen Schwellwert nicht überschreitet. Experimentell zeigte sich, dass ein maximale Anzahl von 20 Iterationen und eine maximale durchschnittliche Unterschiedlichkeit von $D = 18$ Grauwertstufen pro Pixel gute Ergebnisse liefert.

Bild 3.5 zeigt die in dieser Arbeit implementierte Struktur der Merkmalsvalidierung. Im rechten Kamerabild der Sequenz wird jede gefundene Korrespondenz über den Test nach Gl. (3.5) mit einem Referenzblock g_0 verglichen. Die Generierung von Referenzblöcken folgt einem heuristischen Schema und lässt sich am besten durch ein Beispiel illustrieren: Nehmen wir an, das eine markante Bildregion im ersten rechten Bild einer Sequenz detektiert wird. Diese Bildregion wird als erster Referenzblock g_0 gespeichert und anschließend zur Validierung von neuen Positionen verwendet. Allerdings ist aufgrund von Beleuchtungsänderungen etc. nicht zu erwarten, dass eine Validierung über beliebig lange Bildverbände erfolgreich sein kann. Aus diesem Grund wird das gefundene Bildmerkmal im fünften Schritt als temporäre Referenzregion g_{temp} gespeichert. Nach weiteren fünf

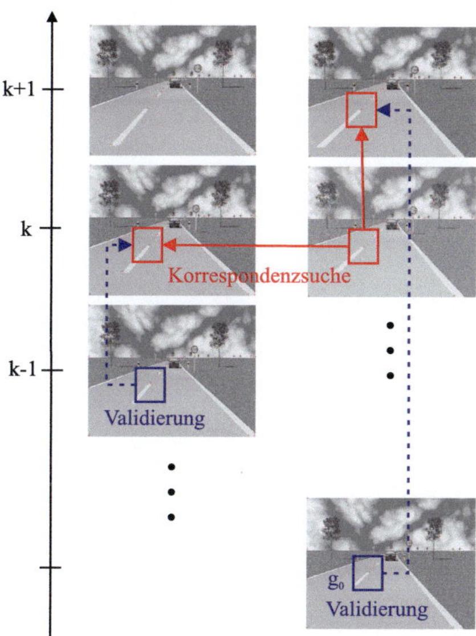

Bild 3.5: Struktur der Merkmalsextraktion und Validierung: Korrespondenzen werden durch einen Vergleich von rechteckigen Bildblöcken bestimmt. Anschließend werden gefundene Zuordnungen mit Hilfe des Tests nach Gl. (3.5) validiert.

Bildern wird der bisherige Referenzblock g_0 durch g_{temp} ersetzt und gleichzeitig die aktuelle Bildregion als neues temporäres Muster g_{temp} festgehalten. Dieser Vorgang wird so lange wiederholt, bis das entsprechende Merkmal verloren wird. Theoretisch ist diese Vorgehensweise auch für die linken Bilder der Sequenz möglich. Aus Effizienzgründen erfolgt die Validierung hier allerdings nur mit jeweils direkten Vorgängern.

In unterschiedlichen synthetischen und realen Testsequenzen liefert der beschriebene Algorithmus gute Ergebnisse, sofern die 2D-Verschiebungen zwischen aufeinanderfolgenden Bildern nicht zu groß sind (bei Fahrten mit dem Versuchsträger des Instituts für Mess- und Regelungstechnik war dies bei einer Bildrate von 25Hz gegeben) und die Epipolarlinien in beiden Stereobildern in grober Näherung horizontal ausgerichtet sind. Bild 3.6 zeigt verfolgte Merkmale am Beispiel einer Verkehrsszene aus dem Innenstadtbereich (entnommen aus [Duchow 2003]).

Bild 3.6: Merkmalsverfolgung in einer realen Bildsequenz aus dem Innenstadtbereich.

3.3 Verteilungsbasierte Korrespondenzanalyse

Die skalierungsinvariante Merkmalstransformation (engl. *Scale Invariant Feature Transform, SIFT*) ist eine von [Lowe 1999, 2004] eingeführte Methode zur Extraktion lokaler Merkmalsvektoren, welche in guter Näherung invariant sind gegenüber Beleuchtungsänderungen, Rauschen auf den Bilddaten sowie Rotationen und Skalierungen der betrachteten Bildregion. SIFT-Merkmale wurden ursprünglich zur Objekterkennung aus Bilddaten entwickelt. Die Arbeit von [Mikolajczyk u. Schmid 2005] zeigt, dass sich SIFT-Merkmale auch hervorragend für die Bestimmung von korrespondierenden Bildpunkten zwischen mehreren Kameras eignen. In den folgenden Abschnitten wird das Prinzip der SIFT-Merkmale kurz erläutert.

Detektion markanter Bildregionen.

Grundlegend für SIFT-Merkmale ist die Bestimmung eines charakteristischen Maßstabs für jede markante Bildregion (engl. *automatic scale selection*), mit Hilfe dessen eine Skalierungsinvarianz erreicht werden kann. Dazu wird die Skalenraumfunktion (engl. *scale space function*) L eingeführt [Lindeberg 1998]:

$$L(\mathbf{x}, s) = H(\mathbf{x}, s) ** g(\mathbf{x}) = \frac{1}{2\pi s^2}\, e^{-\|\mathbf{x}\|^2/(2s^2)} ** g(\mathbf{x})\,. \tag{3.6}$$

Gl. (3.6) beschreibt die Faltung der Grauwerte $g(\mathbf{x})$ mit einem Gauß-Filterkern

H, dessen Standardabweichung durch den Maßstab bzw. die Skale s gegeben ist. [Lindeberg 1998] verdeutlicht, dass eine normalisierte Ableitung $s\,\partial L/\partial s$ der Skalenraumfunktion über verschiedene Skalen s zumeist genau ein lokales Maximum annimmt. Die Position dieses Maximums kann dabei als charakteristischer Maßstab der vorliegenden Textur interpretiert werden. Lindeberg zeigt weiter, dass die vorgeschlagene normalisierte Ableitung mit Hilfe des Laplace-Operators berechnet werden kann:

$$s\frac{\partial L}{\partial s} = s^2 \nabla^2 L\,. \tag{3.7}$$

[Lowe 1999] schlägt vor, den Laplace-Operator in Gl. (3.7) durch einen *Difference of Gaussians*-Operator (DoG) zu approximieren:

$$\begin{aligned} s\frac{\partial L}{\partial s} &\approx s\,\frac{L(\mathbf{x}, ks) - L(\mathbf{x}, s)}{ks - s} \\ &= \frac{1}{k-1}\left[H(\mathbf{x}, ks) - H(\mathbf{x}, s)\right] ** g(\mathbf{x}) := D(\mathbf{x}, s)\,. \end{aligned} \tag{3.8}$$

Gl. (3.8) kann für verschiedene Skalen s effizient berechnet werden, indem das gegebene Bild mehrmals hintereinander mit einer Gauß-Maske gefiltert wird, und anschließend die Zwischenergebnisse voneinander subtrahiert werden.

Zur Detektion markanter Bildregionen müssen nun lokale Extrema von Gl. (3.8) bestimmt werden. Dazu wird D an jeder Stelle $(\mathbf{x}, s)$ mit seinen sechsundzwanzig direkten Nachbarn verglichen: acht Nachbarn auf der gleichen Skale und jeweils neun Nachbarn auf der nächsthöheren bzw. -niederen berechneten Skale. Um eine subpixelgenaue Position zu bestimmen, wird die Umgebung jedes gefundenen Extremums durch ein Paraboloid angenähert und dessen Extremalstelle $(\mathbf{x}_0, s_0)$ als Position und Skale des extrahierten Merkmals verwendet. In einem Nachbearbeitungsschritt wird der Ansatz von [Harris u. Stephens 1988], Gl. (3.2), verwendet, um Fehldetektionen an Bildkanten und in Bereichen mit schwachem Kontrast zu unterdrücken.

Normalisierung ausgewählter Bildregionen.

Aus der oben angeführten Merkmalsdetektion ist die charakteristische Skale s_0 einer markanten Bildregion bekannt. Für eine Normalisierung muss damit nur noch die Orientierung des gewählten Bildbereichs bestimmt werden. Um dies zu erreichen, werden in einer kreisförmigen Umgebung $\mathcal{U}$ des Punktes $\mathbf{x}_0$ im geglätteten Bild $L(\mathbf{x}, s_0) = H(\mathbf{x}, s_0) ** g(\mathbf{x})$ Grauwertgradienten berechnet. Die Beträge

$m(\mathbf{x})$ und Orientierungen $\theta(\mathbf{x})$ der Gradienten sind dabei durch

$$m(\mathbf{x}) = \left\| \begin{pmatrix} L(x+1,y,s_0) - L(x-1,y,s_0) \\ L(x,y+1,s_0) - L(x,y-1,s_0) \end{pmatrix} \right\| \quad \text{und} \tag{3.9}$$

$$\theta(\mathbf{x}) = \arctan\left(\frac{L(x,y+1,s_0) - L(x,y-1,s_0)}{L(x+1,y,s_0) - L(x-1,y,s_0)} \right) \tag{3.10}$$

gegeben.

Das Maximum θ_0 des Orientierungshistogramms aus $\theta(\mathbf{x}), \mathbf{x} \in \mathcal{U}$, definiert die dominante Orientierung der Bildregion. Wichtig dabei ist, dass bei Vorliegen von mehreren ausgeprägten lokalen Maxima des Histogramms evtl. auch mehr als eine dominante Orientierung abgeleitet werden kann. Jede akzeptierte Orientierung erzeugt dann ein neues Merkmal mit gleicher Position $(\mathbf{x}_0, s_0)$ aber unterschiedlicher Orientierung θ_0.

Extraktion lokaler Deskriptoren.

Die im vorangehenden Verarbeitungsschritt bestimmten Gradienten werden auch zur Generierung von Deskriptoren verwendet. Zunächst wird die durch $(\mathbf{x}_0, s_0)$ festgelegte Bildregion in 4×4 gleichgroße quadratische Elemente unterteilt. Für jedes dieser Elemente wird anschließend das Histogramm der normalisierten, d. h. auf die dominante Orientierung des Merkmals bezogenen Gradientenrichtungen berechnet, wobei jeder Eintrag des Histogramms mit einer Gauß-Funktion der Standardabweichung $1{,}5s_0$,

$$w(\mathbf{x}) = \frac{1}{2\pi(1{,}5s_0)^2} \; \mathrm{e}^{-\|\mathbf{x}-\mathbf{x}_0\|^2/(1{,}5s_0)^2} \tag{3.11}$$

gewichtet wird. Gewöhnlich werden die Orientierungen in acht Stufen quantisiert, sodass der gesamte Deskriptor aus $4 \times 4 \times 8 = 128$ Elementen besteht. Um eine beleuchtungsunabhängige Beschreibung zu erhalten, werden zudem alle extrahierten Merkmalsvektoren auf die gleiche Länge normiert.

Zuordnung.

Bei der Korrespondenzsuche wird jedem Deskriptor $\mathbf{y}_1$ im ersten Bild derjenige Beschreibungsvektor $\mathbf{y}_2$ im zweiten Bild zugeordnet, für den die euklidische Distanz $\|\mathbf{y}_1 - \mathbf{y}_2\|$ minimal wird. Zur Validierung von Korrespondenzen hat sich dabei die Überprüfung einer Eindeutigkeitsbedingung als zweckmäßig erwiesen: Der Vektor $\mathbf{y}_3$ bezeichne das Merkmal im zweiten Bild, für den der euklidische Abstand zu den $\mathbf{y}_1$ zweitkleinsten Wert erreicht. Eine Zuordnung wird genau dann akzeptiert, wenn das Verhältnis

$$r = \frac{\|\mathbf{y}_1 - \mathbf{y}_2\|}{\|\mathbf{y}_1 - \mathbf{y}_3\|} \tag{3.12}$$

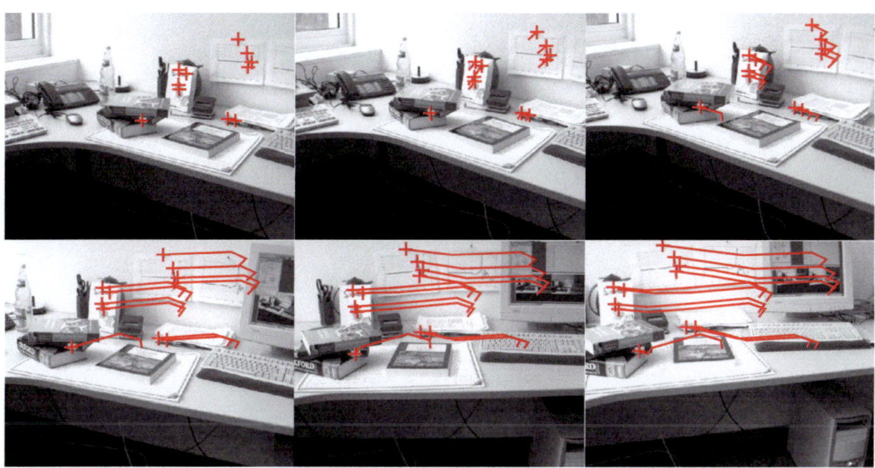

Bild 3.7: Verfolgung von SIFT-Merkmalen. Außer den dargestellten sechs Bildern wurden keine weiteren Ansichten verwendet. Auch bei großen Kamerabewegungen ist eine zuverlässige Extraktion von korrespondierenden Bildpunkten möglich.

einen Schwellwert r_{max} nicht übersteigt. In der Praxis liefert $r_{max} = 0{,}5$ gute Ergebnisse.

Bild 3.7 zeigt ein Beispiel der Verfolgung von SIFT-Merkmalen in sechs Bildern. Auch bei großen Bildverschiebungen und Beleuchtungsänderungen liefert das Verfahren sehr gute Ergebnisse.

3.4 Zusammenfassung

In diesem Kapitel wurden zwei Verfahren zur Bestimmung von korrespondierenden Bildmerkmalen vorgestellt:

- Die beschriebene regionenbasierte Korrespondenzanalyse zur Verfolgung eckenähnlicher Strukturen erfordert einen vergleichsweise geringen Rechenaufwand. Die verwendeten Deskriptoren bestehen aus Grauwertintensitäten innerhalb einer rechteckigen Bildregion und sind damit weder rotations- noch skalierungsinvariant. Der Ansatz ist deshalb für Sequenzen mit hohen Bildraten und näherungsweise parallel ausgerichteten Stereokameras geeignet. Durch eine Genauigkeitsanalyse und eine Validierung nach

[Shi u. Tomasi 1994] wird die Zuverlässigkeit der Merkmalsverfolgung innerhalb der Sequenz überprüft.

- Die verteilungsbasierte Korrespondenzanalyse verwendet die von [Lowe 1999] vorgeschlagenen SIFT-Deskriptoren. Im Gegensatz zum ersten Ansatz sind diese rotations- und skalierungsinvariant. Die Deskriptoren können deshalb auch bei niederen Bildraten und beliebigen Stereoanordnungen verwendet werden. Nachteilig ist aber der hohe Rechenaufwand des Verfahrens.

4 Bedingungsgleichungen für die Selbstkalibrierung

Schwerpunkt dieses Kapitels ist die Entwicklung und der Vergleich verschiedener Optimierungskriterien für eine kontinuierliche Selbstkalibrierung von Stereokameras. Die Kriterien beruhen dabei stets auf gemessenen Punktkorrespondenzen in Stereobildfolgen, welche idealerweise verschiedenen geometrischen Bedingungsgleichungen genügen. Folgende Bedingungsgleichungen werden verwendet:

- die *Epipolarbedingung* zwischen korrespondierenden Merkmalen in zwei Bildern,

- die *Trilinearitäten* zwischen drei Kamerabildern sowie

- die *Kollinearitätsgleichungen* des Bündelausgleichsverfahrens.

Die angegebenen Bedingungsgleichungen sind nicht unabhängig voneinander. Zum Beispiel kann die Epipolarbedingung als Untermenge der trilinearen Bedingungen und der Kollinearitätsgleichung betrachtet werden. Dennoch hat auch die Epipolarbedingungen in der praktischen Anwendung Vorteile, vor allem da sie im Gegensatz zu den beiden anderen Beziehungsgleichungen keine Annahmen über die Bewegung des Stereosystems erfordert.

Die Grundlagen der hier dargestellten geometrischen Bedingungen sind nicht neu und wurden in der photogrammetrischen Literatur z. T. bereits Anfang des 20. Jahrhunderts beschrieben. Dennoch zeichnet sich die hier dargestellte Herangehensweise in mehreren Punkten aus:

- Die Beziehungen zwischen fehlerbehafteten Beobachtungen und Kameraparametern werden einheitlich in einem Gauß-Helmert-Modell erfasst. Dies erlaubt die Minimierung von physikalisch relevanten Fehlern in der Bildebene und somit eine höhere Genauigkeit als bei Verwendung von algebraischen Fehlermaßen (z. B. [Ressl 2003]).

- Die einheitliche Formulierung der verschiedenen Optimierungskriterien ermöglicht eine einfache Kombination von verschiedenen Bedingungsgleichungen. Wie sich später zeigen wird, ermöglicht gerade die gleichzeitige

Verwendung unterschiedlicher Kriterien in der Praxis eine zuverlässigere Selbstkalibrierung.

- Die Epipolarbedingung wurde bereits in [Zhang u. a. 1996; Luong u. Faugeras 1997b] für eine Selbstkalibrierung von Stereokameras eingesetzt. Allerdings wurden dabei degenerierte Konstellationen der Kameras außer acht gelassen, die in der Praxis zu Problemen führen können. Diese Schwierigkeiten lassen sich durch Verwendung der Trilinearitäten elegant umgehen. Nach Kenntnis des Autors wurden die hier beschriebenen metrisch parametrisierten Trilinearitäten noch nicht in einer kontinuierlichen stereoskopischen Selbstkalibrierung verwendet. In [Abraham 2000] wurden metrisch parametrisierte trilineare Bedingungen lediglich zur Gewinnung von initialen Schätzwerten für die Bewegung einer monokularen Kamera eingesetzt.

- Eine weitere Besonderheit dieser Arbeit ist die Verwendung eines rekursiven Bündelausgleichs mit einer kompakten Repräsentation der beobachteten 3D-Struktur.

Im Folgenden wird zunächst das verwendete Gauß-Helmert-Modell vorgestellt (Kap. 4.1), das die Grundlage für alle verwendeten Optimierungskriterien bildet. Anschließend werden die einzelnen geometrischen Bedingungsgleichungen detailliert beschrieben und vergleichend untersucht.

4.1 Das allgemeine Beobachtungsmodell

Bei der Selbstkalibrierung müssen zwei Kategorien von unbekannten Größen beachtet werden: zum einen die idealen, fehlerfreien Beobachtungen $\mathbf{x}$, welche aufgrund des verwendeten Modells erwartet werden, zum anderen der Vektor $\mathbf{z}$ der Systemparameter, der die gesuchten inneren und äußeren Kameraparameter, die Bewegung der Stereokameras, etc. umfasst. Zwischen diesen unbekannten Größen gilt im Allgemeinen ein impliziter funktionaler Zusammenhang der Form

$$\mathbf{h}\left(\mathbf{x}, \mathbf{z}\right) = \mathbf{0} \, , \tag{4.1}$$

wobei $\mathbf{h}$ durch die in den nachfolgenden Unterkapiteln beschriebenen geometrischen Bedingungsgleichungen gegeben ist.

Neben dem impliziten Beobachtungsmodell können auch den Systemparametern inhärente Zwangsbedingungen auferlegt werden. Im statischen Fall zeitlich konstanter, aber unbekannter Systemzustände $\mathbf{z}$, auf den wir uns zunächst beschränken, lässt sich eine solche Bedingung durch

$$\mathbf{g}\left(\mathbf{z}\right) = \mathbf{0} \, , \tag{4.2}$$

ausdrücken. Dabei ist eine Zwangsbedingung wie beispielsweise $\mathbf{z}^T\mathbf{z} = 1$ zumeist nur dann notwendig, wenn das System mit mehr als der minimalen Anzahl von Parametern beschrieben wird. Bei einer Systemdarstellung mit der geringst möglichen Anzahl an Freiheitsgraden kann auf Gl. (4.2) verzichtet werden.

In der praktischen Anwendung sind zumeist nur störungsbehaftete Messungen $\hat{\mathbf{x}}$ der wahren Beobachtungen $\mathbf{x}$ direkt zugänglich. Die zufälligen Fehler $\mathbf{e}$ der Beobachtungen können häufig als additives Gauß'sches Rauschen mit Mittelwert $\mathbf{0}$ und Kovarianzmatrix $\boldsymbol{\Sigma}_{\mathbf{ee}}$ modelliert werden[1], d. h.

$$\hat{\mathbf{x}} = \mathbf{x} + \mathbf{e} \; ; \quad \mathbf{e} \sim \mathrm{N}(\mathbf{0}, \boldsymbol{\Sigma}_{\mathbf{ee}}) \; . \tag{4.3}$$

Durch Gln. (4.1), (4.2) und (4.3) ist ein sog. *Gauß-Helmert-Modell* gegeben [Helmert 1872]. Das in der Messtechnik häufiger verwendete *Gauß-Markoff-Modell* [Gauss 1809; Markoff 1912] kann als ein Spezialfall der allgemeinen impliziten Formulierung betrachtet werden. Dabei lässt sich der Zusammenhang (4.1) in eine explizite Beobachtungsgleichung umformen:

$$\mathbf{x} = \boldsymbol{\varphi}(\mathbf{z}) \; . \tag{4.4}$$

Eine solche Vereinfachung ist aber bei den in dieser Arbeit verwendeten funktionalen Zusammenhängen nicht möglich.

Mit dem gegebenen Modell (4.1)–(4.3) und den aufgenommenen Messungen $\hat{\mathbf{x}}$ müssen nun optimale Parameter $\hat{\mathbf{z}}$ der Stereokamera berechnet werden. Dabei minimieren im statischen Fall die gesuchten Kameraparameter $\hat{\mathbf{z}}$ die Gütefunktion

$$J = (\mathbf{x} - \hat{\mathbf{x}})^T \boldsymbol{\Sigma}_{\mathbf{ee}}^{-1} (\mathbf{x} - \hat{\mathbf{x}}) \tag{4.5}$$

unter den Nebenbedingungen

$$\mathbf{h}(\mathbf{x}, \hat{\mathbf{z}}) = \mathbf{0} \quad \text{und}$$
$$\mathbf{g}(\hat{\mathbf{z}}) = \mathbf{0} \; . \tag{4.6}$$

Die mit der inversen Kovarianzmatrix gewichtete quadratische Distanz in Gl. (4.5) wird auch als Mahalanobisnorm bezeichnet. Hierfür wird im Folgenden die abkürzende Schreibweise

$$J = \|\mathbf{x} - \hat{\mathbf{x}}\|_{\boldsymbol{\Sigma}_{\mathbf{ee}}}^2 \tag{4.7}$$

---

[1] In der Literatur wird die Kovarianzmatrix $\boldsymbol{\Sigma}_{\mathbf{ee}}$ häufig als Produkt einer positiv-definiten symmetrischen Kofaktorenmatrix $\mathbf{Q}_{\mathbf{ee}}$ und eines skalaren Varianzfaktors $\sigma_{\mathbf{ee}}^2$ dargestellt (z. B. [Niemeier 2002]), wobei letzterer in einem abschließenden Schritt der Ausgleichsrechnung bestimmt wird. Da in dieser Arbeit ein kontinuierliches Schätzverfahren verwendet wird, in welchem die Berechnung eines über den gesamten Bilddatenstrom gültigen Varianzfaktors nur begrenzt sinnvoll erscheint, wird eine solche Zerlegung hier nicht verwendet.

verwendet.

Bisher wurde lediglich der statische Fall zeitlich konstanter Systemparameter betrachtet. Wenden wir uns jetzt einem zeitdiskreten dynamischen System zu, bei dem sich die zeitliche Entwicklung der Zustände als Markoffprozess beschreiben lassen:

$$\mathbf{z}_{k+1} = \mathbf{f}(\mathbf{z}_k) + \mathbf{n}_k ; \quad \mathbf{n}_k \sim \mathbf{N}(\mathbf{0}, \boldsymbol{\Sigma}_{\mathbf{zz},k}) . \tag{4.8}$$

Die additive Störung $\mathbf{n}_k$ wird dabei als mittelwertfreie Gauß'sche Zufallsvariable mit Kovarianz $\boldsymbol{\Sigma}_{\mathbf{zz},k}$ modelliert. Sie wird häufig auch als Systemrauschen bezeichnet. Mit Gl. (4.8) wird vereinfachend angenommen, dass das System ein Gedächtnis der Länge Eins hat. Der aktuelle Zustand ist also nur vom jeweils letzten Zeitschritt $k-1$, nicht aber von früheren Zuständen abhängig.

Gln. (4.1)–(4.3) lassen sich direkt auf den dynamischen Fall übertragen, wobei sie hier nicht mehr für die gesamte Bildsequenz, sondern individuell für alle Zeitschritte $k = 1 \ldots K$ formuliert werden, d. h. für die Größen $\hat{\mathbf{z}}_k$, $\hat{\mathbf{x}}_k$ und $\mathbf{x}_k$. Das quadratische Gütekriterium lautet nun

$$J = \|\hat{\mathbf{z}}_0 - \mathbf{z}_0\|^2_{\boldsymbol{\Sigma}_{\mathbf{zz},0}} + \sum_{k=1}^{K} \|\mathbf{x}_k - \hat{\mathbf{x}}_k\|^2_{\boldsymbol{\Sigma}_{\mathbf{ee},k}} + \|\hat{\mathbf{z}}_k - \mathbf{f}(\hat{\mathbf{z}}_{k-1})\|^2_{\boldsymbol{\Sigma}_{\mathbf{zz},k}} \tag{4.9}$$

mit der als bekannt vorausgesetzten Wahrscheinlichkeitsdichte $\mathbf{N}(\mathbf{z}_0, \boldsymbol{\Sigma}_{zz,0})$ des Anfangszustandes $\hat{\mathbf{z}}_k$ und den Nebenbedingungen

$$\mathbf{h}(\mathbf{x}_k, \hat{\mathbf{z}}_k) = \mathbf{0} \quad \text{und}$$
$$\mathbf{g}(\hat{\mathbf{z}}_k) = \mathbf{0} \tag{4.10}$$

für alle $k \in \{1 \ldots K\}$.

Die in diesem Unterkapitel angegebene implizite Modellierung liegt allen nachfolgenden Bedingungsgleichungen zugrunde. Außerdem werden in den nächsten Abschnitten folgende Bezeichnungen verwendet:

- Die erfassten Beobachtungen $\hat{\mathbf{x}}$ setzen sich aus korrespondierenden Punkten in Stereosequenzen zusammen. Die Bilder eines verfolgten Objektpunktes $\mathbf{X}^i$, $i \in \{1 \ldots N\}$, im k-ten Zeitschritt werden dabei mit $\hat{\mathbf{x}}^i_{R,k} = \mathbf{x}^i_{R,k} + \mathbf{e}^i_{R,k}$ und $\hat{\mathbf{x}}^i_{L,k} = \mathbf{x}^i_{L,k} + \mathbf{e}^i_{L,k}$ bezeichnet, wobei die Indizes R und L die rechte und linke Kamera repräsentieren. Die Kovarianzmatrizen der Messungen seien durch $\boldsymbol{\Sigma}^i_{RR,k}$ und $\boldsymbol{\Sigma}^i_{LL,k}$ gegeben.

- Die extrinsischen und intrinsischen Parameter der Stereokamera werden in einem Vektor $\mathbf{z}_C = \left[\mathbf{z}_{\text{extr}}^{\text{T}}, \mathbf{z}_{\text{intr}}^{\text{T}}\right]^{\text{T}}$ zusammengefasst. Die vorliegende Arbeit betrachtet als intrinsische Parameter lediglich die Brennweiten der linken und rechten Kamera: $\mathbf{z}_{\text{intr}} = [f_L, f_R]^{\text{T}}$. Die extrinsischen Parameter sind je nach Wahl des globalen Koordinatensystems entsprechend Kap. 2.2 durch die Orientierung und Verschiebung $[\omega_{C,X}, \omega_{C,Y}, \omega_{C,Z}, T_{C,Y}, T_{C,Z}]^{\text{T}}$ bzw. die Orientierungen $[\Psi_R, \Theta_R, \Psi_L, \Phi_L, \Theta_L]^{\text{T}}$ gegeben. Die Darstellungsform der extrinsischen Parameter spielt aber für die weiteren Betrachtungen in diesem Kapitel keine Rolle. Die 3D-Bewegung der Kamera ist durch einen Rotationsvektor (vgl. A.1) und eine Translation gegeben: $\mathbf{z}_M = [\boldsymbol{\omega}_M^{\text{T}}, \mathbf{T}_M^{\text{T}}]^{\text{T}}$.

4.2 Die Epipolarbedingung

Eine geometrische Beziehung zwischen korrespondierenden Bildpunkten zweier Kameras ist durch die bereits in Kap. 2.3 vorgestellte Epipolarbedingung gegeben. Anschaulich besagt diese Bedingung (s. Bild 4.1), dass die beiden durch $\mathbf{x}_L$ und $\mathbf{x}_R$ definierten Lichtstrahlen nicht windschief sein dürfen, sondern sich in einem gemeinsamen Objektpunkt schneiden müssen. Dies impliziert, dass sowohl die optischen Zentren $\mathbf{C}_L$ and $\mathbf{C}_R$ beider Kameras als auch die Bildpunkte $\mathbf{x}_L$ und $\mathbf{x}_R$ in derselben Ebene liegen müssen. Diese Bedingung — z.T. auch als *Komplanaritätsbedingung* bzw. *coplanarity constraint condition* bezeichnet — wurde schon früh im Bereich der Photogrammetrie verwendet (siehe z.B. [von Sanden 1908] und [Doyle 1966]). Die Arbeit von [Longuet-Higgins 1981] machte die Epipolarbedingung im Fachgebiet *computer vision* bekannt. Im Fall kalibrierter Kameras lässt sich die Komplanaritätsbedingung zwischen normalisierten Bildkoordinaten mit Hilfe der so genannten *essentiellen Matrix* $\mathbf{E}$ beschreiben. Zwischen realen Pixelkoordinaten ist die mathematische Formulierung der Komplanaritätsbedingung mit Hilfe der *Fundamentalmatrix* $\mathbf{F}$ möglich ([Luong 1992; Luong u. Faugeras 1996]).

Um die Fundamentalmatrix für das Stereokameramodell (2.21),(2.22) mathematisch herzuleiten, betrachten wir die beiden Lichtstrahlen, welche die Bildebenen in $\mathbf{x}_L$ und $\mathbf{x}_R$ schneiden. Für beliebige 3D-Punkte $\mathbf{M}_L$ und $\mathbf{M}_R$ auf diesen Strahlen gilt nach Gl. (2.9)

$$\mathbf{x}_L \sim \mathbf{K}_L \mathbf{R}_L \left(\mathbf{M}_L - \mathbf{C}_L\right) \tag{4.11}$$

$$\mathbf{x}_R \sim \mathbf{K}_R \mathbf{R}_R \left(\mathbf{M}_R - \mathbf{C}_R\right) . \tag{4.12}$$

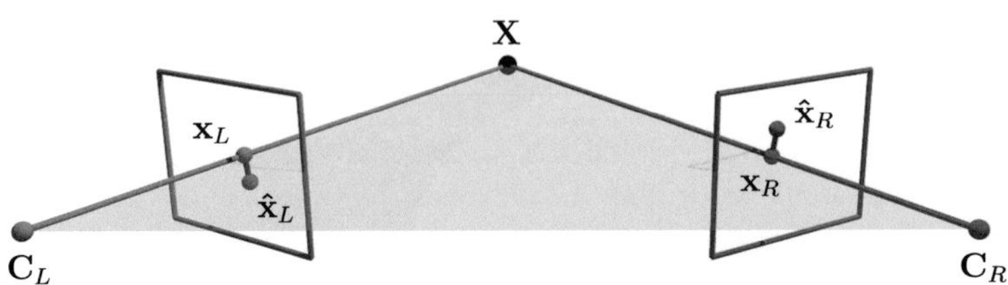

Bild 4.1: Epipolarbedingung: Die Lichtstrahlen beider Bildpunkte $\mathbf{x}_L$ und $\mathbf{x}_R$ müssen in einer Ebene liegen. $\hat{\mathbf{x}}_L$ und $\hat{\mathbf{x}}_R$ bezeichnen fehlerbehaftete Messungen der idealen Koordinaten $\mathbf{x}_L$ und $\mathbf{x}_R$.

Fordern wir weiterhin, dass sich beide Strahlen in einem gemeinsamen Punkt treffen, d. h. $\mathbf{M}_L = \mathbf{M}_R = \mathbf{X}$, so muss gelten

$$\mathbf{R}_L^{\mathrm{T}}\mathbf{K}_L^{-1}\mathbf{x}_L \;\sim\; \mathbf{R}_R^{\mathrm{T}}\mathbf{K}_R^{-1}\mathbf{x}_R \;+\; \mathbf{C}_R - \mathbf{C}_L \,. \tag{4.13}$$

Die linke Seite der projektiven Gleichung (4.13) ist also eine Linearkombination der beiden Vektoren $\mathbf{R}_R^{\mathrm{T}}\mathbf{K}_R^{-1}\mathbf{x}_R$ und $\mathbf{C}_R - \mathbf{C}_L$. Daraus folgt, dass $\mathbf{R}_L^{\mathrm{T}}\mathbf{K}_L^{-1}\mathbf{x}_L$ orthogonal zum Kreuzprodukt dieser beiden Vektoren sein muss, und wir erhalten

$$\mathbf{x}_L^{\mathrm{T}}\,\mathbf{K}_L^{-T}\mathbf{R}_L\left[(\mathbf{C}_R - \mathbf{C}_L)\times \mathbf{R}_R^{\mathrm{T}}\mathbf{K}_R^{-1}\,\mathbf{x}_R\right] = 0 \,. \tag{4.14}$$

Das Kreuzprodukt lässt sich kompakter als Matrizenmultiplikation darstellen, wenn wir den Operator $[\mathbf{a}]_\times$ für die Abbildung eines Vektors $\mathbf{a}$ auf eine antisymmetrische Matrix einführen:

$$[\mathbf{a}]_\times = \begin{bmatrix} a_X \\ a_Y \\ a_Z \end{bmatrix}_\times = \begin{bmatrix} 0 & -a_Z & a_Y \\ a_Z & 0 & -a_X \\ -a_Y & a_X & 0 \end{bmatrix} \,. \tag{4.15}$$

Unter Verwendung dieser Schreibweise gilt $\mathbf{a}\times\mathbf{b} = [\mathbf{a}]_\times\,\mathbf{b}$. Somit kann Gl. (4.14) durch

$$\mathbf{x}_L^{\mathrm{T}}\,\mathbf{F}\,\mathbf{x}_R \overset{!}{=} 0 \tag{4.16}$$

ausdrückt werden, wobei die Fundamentalmatrix $\mathbf{F}$ durch

$$\mathbf{F} = \mathbf{K}_L^{-T}\mathbf{R}_L\left[\mathbf{C}_R - \mathbf{C}_L\right]_\times \mathbf{R}_R^{\mathrm{T}}\mathbf{K}_R^{-1} \tag{4.17}$$

gegeben ist. Analog ergibt sich für das alternative Stereokameramodell nach Gln. (2.19),(2.20) eine Fundamentalmatrix der Form

$$\mathbf{F} = \mathbf{K}_L^{-T} \mathbf{R}_C \left[\mathbf{R}_C^{\mathsf{T}} \mathbf{T}_C \right]_\times \mathbf{K}_R^{-1} \, . \tag{4.18}$$

Die Epipolarbedingung (4.16) liefert also für jedes Punktepaar $(\mathbf{x}_L, \mathbf{x}_R)$ eine Bedingungsgleichung. Sie stellt aber nur eine notwendige Bedingung für die Korrespondenz zweier Punkte dar: Zwar müssen korrespondierende Bildpunkte stets in einer Epipolarebene liegen, umgekehrt entsprechen aber nicht alle Punktepaare, die der Komplanaritätsbedingung genügen, dem gleichen Objektpunkt. Geometrisch bedeutet dies, dass die Epipolarbedingung lediglich Komponenten von Zuordnungsfehlern bestraft, die senkrecht zur Epipolarlinie liegen. Fehlerkomponenten entlang der Epipolarlinien werden demgegenüber ignoriert.

Eine weitere wichtige Eigenschaft von Gl. (4.16) ist, dass sie lediglich eine Beziehung zwischen Bildkoordinaten und Kameraparametern herstellt. Die Epipolarbedingung erfordert also keinerlei Kenntnis über die 3D-Position der betrachteten Objektpunkte und entkoppelt damit die Aufgabe der Kamerakalibrierung von der Bestimmung der 3D-Struktur einer Szene. Wie in den nachfolgenden Kapiteln gezeigt wird, vereinfacht dies eine praktische Selbstkalibrierung signifikant.

Aufgabe der Selbstkalibrierung ist nun, diejenigen Kameraparameter $\mathbf{z}_C$ zu bestimmen, die eine minimale Korrektur der gemessenen Punktkorrespondenzen $\hat{\mathbf{x}}_{R,k}^i, \hat{\mathbf{x}}_{L,k}^i$ erfordern, um die Epipolarbedingung zu erfüllen (s. Bild 4.1). Im statischen Fall gemäß Kap. 4.1 entspricht dies der Minimierung einer Kostenfunktion

$$\sum_{k=1}^{K} \sum_{i=1}^{N} \left\| \hat{\mathbf{x}}_{R,k}^i - \mathbf{x}_{R,k}^i \right\|_{\mathbf{\Sigma}_{RR,k}^i}^2 + \left\| \hat{\mathbf{x}}_{L,k}^i - \mathbf{x}_{L,k}^i \right\|_{\mathbf{\Sigma}_{LL,k}^i}^2 \tag{4.19}$$

unter den Nebenbedingungen

$$\left(\mathbf{x}_{L,k}^i \right)^{\mathsf{T}} \mathbf{F}(\mathbf{z}_C) \, \mathbf{x}_{R,k}^i \; = \; 0 \, . \tag{4.20}$$

Die Fundamentalmatrix $\mathbf{F}(\mathbf{z}_C)$ wird dabei gemäß Gl. (4.17) bzw. (4.18) aus den Kameraparametern berechnet. Eine Erweiterung auf den dynamischen Fall (4.9) ist ohne weiteres möglich.

Schließlich ist zu bemerken, dass die Epipolarbedingung natürlich nicht nur zwischen rechtem und linkem Bild einer Stereokamera gültig ist. So schlägt z. B. [Zhang 1997b] vor, die Komplanaritätsbedingung sowohl zwischen Paaren von zeitgleich aufgenommenen als auch zeitlich aufeinander folgenden Bildern einer Stereosequenz einzufordern. Betrachten wir dazu Bild 4.2a. Für alle Paarungen der

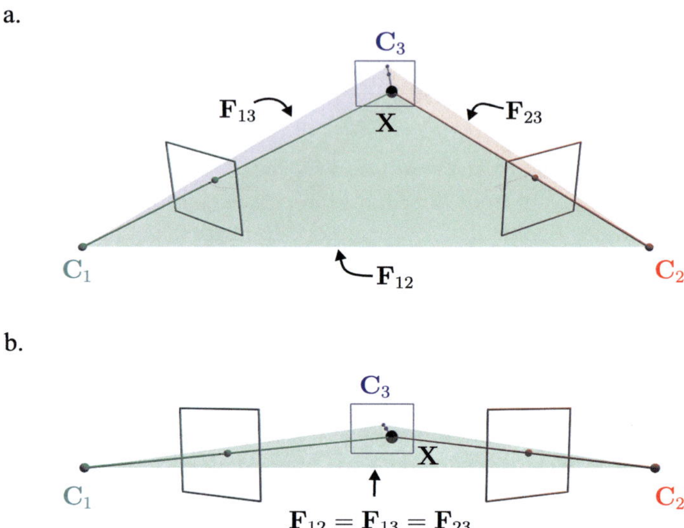

Bild 4.2: a) Prinzipiell kann zwischen jeder Paarung von Bildern in einer Sequenz eine Epipolarbedingung aufgestellt werden: zwischen Kameras C_1 und C_2 über die Fundamentalmatrix F_{12}, zwischen C_2 und C_3 über F_{23}, etc.. Außerdem ist im gezeigten Beispiel der Objektpunkt X eindeutig durch den Schnittpunkt der drei Epipolarebenen bestimmbar. b) Der degenerierte Fall eines Objektpunktes in der Ebene der optischen Zentren: Sind der Objektpunkt X und die Kamerazentren C_1, C_2, C_3 koplanar, so fallen die Epipolarebenen zusammen. Unter alleiniger Verwendung der Epipolarbedingungen ist dann keine eindeutige 3D-Rekonstruktion von X mehr möglich.

dargestellten Kameras kann eine Epipolarbedingung angegeben werden: Die Fundamentalmatrix F_{12} beschreibt die Epipolargeometrie der Kameras C_1 und C_2, F_{23} entspricht den Kameras C_2 und C_3, etc.. Anschaulich zeigt Bild 4.2a, dass die dargestellten Epipolarebenen den Objektpunkt X eindeutig bestimmen. Dies bedeutet, dass die Epipolargeometrie im gezeigten Beispiel drei linear unabhängige Bedingungsgleichungen für die Korrespondenz dreier Bildpunkte liefern kann.

Allerdings führt die Verwendung unterschiedlicher Komplanaritätsbedingungen zwischen verschiedenen Bildern einer Sequenz nicht immer zu brauchbaren Ergebnissen. In Bild 4.2b ist ein in der Praxis häufig auftretender Fall skizziert, bei dem der betrachtete Objektpunkt in einer Ebene mit den optischen Zentren der

Kameras liegt. Hier fallen sämtliche Epipolarebenen zusammen, sodass die Erfüllung aller Epipolarbedingungen lediglich eine notwendige Bedingung für die Korrespondenz dreier Bildpunkte darstellt. Die Formulierung einer hinreichenden Bedingung, d. h. die eindeutige 3D-Rekonstruktion der Objektpunkte, ist hier bei alleiniger Verwendung der Epipolargeometrie nicht möglich. Der in Bild 4.2b gezeigte degenerierte Fall ist in der Literatur als *deficiency of the epipolar transfer* [Zisserman u. Maybank 1994] bekannt und kann umgangen werden, wenn statt der Epipolargeometrie zwischen zwei Kameraaufnahmen beispielsweise die trilinearen Bedingungen zwischen Bildtripeln verwendet werden. Diese werden im nächsten Kapitel behandelt.

4.3 Die Trilinearitäten

Die trilinearen Bedingungen [Shashua 1995] stellen eine Beziehung zwischen korrespondierenden Punkten in drei Bildern dar. Wie auch die Epipolarbedingung im vorangehenden Kapitel entkoppeln die Trilinearitäten die Kamerakalibrierung von der Schätzung der 3D-Struktur der betrachteten Szene, da sie die Koordinaten des betrachteten Raumpunktes nicht explizit berücksichtigen. In diesem Unterkapitel wird außerdem verdeutlicht, dass die trilinearen Bedingungen im Gegensatz zur Menge der Epipolarbedingungen zwischen drei Bildern auch dann eine hinreichende Bedingung für die Korrespondenz von Bildpunkten liefern, wenn der betrachtete Objektpunkt und die Brennpunkte der Kameras in derselben Ebene liegen. Die Trilinearitäten lassen sich kompakt und mathematisch elegant mit Hilfe des *Trifokaltensors* $\mathbf{T}$ [Hartley 1995; Shashua 1995] aufstellen. Im Folgenden werden zunächst die in der Literatur gebräuchlichen Formeln des Trifokaltensors und der trilinearen Bedingungen ohne Beweis zusammengefasst. Eine anschauliche Begründung wird im Anschluss geliefert. Weiterführende Details zum Thema sind in [Hartley u. Zisserman 2002; Förstner 2000; Ressl 2003] zu finden.

Gegeben sei ein Stereosystem, dessen Bewegung im Raum durch eine Rotationsmatrix $\mathbf{R}_{M,k} = \mathbf{Rot}\,(\omega_{M,k})$ und einen Translationsvektor $\mathbf{T}_{M,k}$ beschrieben werden kann. Die Bewegung eines Objektpunktes $\mathbf{X}_k^i$ der starren Szene genüge der Bedingung

$$\mathbf{X}_{k+1}^i = \mathbf{R}_{M,k}\mathbf{X}_k^i + \mathbf{T}_{M,k}\,. \tag{4.21}$$

Die Projektionsmatrizen der rechten und linken Kamera zum Zeitpunkt k und der rechten Kamera im Zeitschritt $k+1$ sind also durch

$$\mathbf{P}' := \mathbf{P}_{R,k} = \mathbf{K}_R \mathbf{R}_R \left[\mathbf{I}, -\mathbf{C}_R\right] \tag{4.22}$$

$$\mathbf{P}'' := \mathbf{P}_{L,k} = \mathbf{K}_L \mathbf{R}_L \left[\mathbf{I}, -\mathbf{C}_L\right] \tag{4.23}$$

$$\mathbf{P}''' := \mathbf{P}_{R,k+1} = \mathbf{K}_R \mathbf{R}_R \left[\mathbf{R}_{M,k}, \mathbf{T}_{M,k} - \mathbf{C}_R\right] \tag{4.24}$$

gegeben. Um eine übersichtlichere Darstellung zu erhalten, verwenden wir im Folgenden die Bezeichnungen $\mathbf{P}', \mathbf{P}'', \mathbf{P}'''$ und $\mathbf{x}', \mathbf{x}'', \mathbf{x}'''$ für die Projektionsmatrizen und Bildkoordinaten der rechten und linken Kamera im Zeitschritt k und der rechten Kamera zum nächsten Zeitpunkt $k+1$.

Der Trifokaltensor $\mathbf{T}$ ist ein $3 \times 3 \times 3$-Tensor, dessen Elemente sich allgemein aus den Matrizen $\mathbf{P}', \mathbf{P}'', \mathbf{P}'''$ gemäß

$$\mathsf{T}_l^{qr} = (-1)^{l+1} \det \begin{bmatrix} \neg \mathbf{P}'^l \\ \mathbf{P}''^q \\ \mathbf{P}'''^r \end{bmatrix}, \quad l,q,r \in \{1,2,3\} \tag{4.25}$$

berechnen lassen (z. B. [Hartley u. Zisserman 2002, S. 415]). $\neg\mathbf{P}'^l$ bezeichnet dabei die Matrix, die sich aus $\mathbf{P}'$ ohne die l-te Zeile ergibt. $\mathbf{P}''^q$ und $\mathbf{P}'''^r$ repräsentieren die q-te bzw. r-te Zeile der Matrizen $\mathbf{P}''$ und $\mathbf{P}'''$. Mit Hilfe von $\mathbf{T}$ können einfache Bedingungsgleichungen für die Korrespondenz dreier Bildpunkte angegeben werden:

$$\begin{aligned} h_{Tqr}(\mathbf{x}', \mathbf{x}'', \mathbf{x}''', \mathbf{T}) &= \sum_{l=1}^{3} \mathbf{x}'_l \left(\mathbf{x}''_q \mathbf{x}'''_r \mathsf{T}_l^{33} - \mathbf{x}'''_r \mathsf{T}_l^{q3} - \mathbf{x}''_q \mathsf{T}_l^{3r} + \mathsf{T}_l^{qr} \right) \\ &= 0 \quad \forall\, q,r \in \{1,2,3\} . \end{aligned} \tag{4.26}$$

Gl. (4.26) ist sowohl bzgl. der Tensorkoeffizienten als auch der Pixelkoordinaten linear.

Der Trifokaltensor besteht aus 27 Elementen, besitzt aber selbst bei einer projektiven Kameramodellierung nur 18 Freiheitsgrade [Torr u. Zisserman 1997]. In dieser Arbeit wird der Trifokaltensor entsprechend Gln. (4.22 – 4.26) in Abhängigkeit von Kameraparametern und metrischen Bewegungsgrößen ausgedrückt:

$$\mathbf{T} = \mathbf{T}\left(\mathbf{z}_{C,k}, \mathbf{z}_{M,k}\right) . \tag{4.27}$$

Durch eine solche metrische Parametrisierung geht zwar die Linearität der Bedingungsgleichungen (4.26) verloren, doch zeigen die Experimente in [Torr u. Zisserman 1997; Abraham 2000], dass die Einbeziehung von nichtlinearen Restriktionen zwischen den Tensorkoeffizienten die erreichbare Qualität der Kamerakalibrierung deutlich erhöhen kann.

Weiter ist zu bemerken, dass Gl. (4.26) eigentlich neun Bedingungen für die möglichen Belegungen $q,r \in \{1,2,3\}$ liefert. Allerdings zeigt [Förstner 2000], dass die Trilinearitäten bei einer minimalen metrischen Parametrisierung nur drei unabhängige Bedingungsgleichungen für die Geometrie des Bildtripels liefern können. Die Auswahl geeigneter Gleichungen für korrespondierende Bildpunkte in drei Bildern ist dabei keine triviale Aufgabe. Um hier eine fundierte Aussage treffen zu können, ist es notwendig, ein anschauliches Verständnis der trilinearen Bedingungen zu entwickeln.

In Anlehnung an [Faugeras u. Mourrain 1995] betrachten wir dazu nochmals die Projektionsgleichung eines 3D-Punktes $\mathbf{X}$ und verwenden dabei folgende Notation

$$\mathbf{x}' \sim \mathbf{P}' \cdot \mathbf{X} = \begin{bmatrix} \mathbf{P}'^1 \\ \mathbf{P}'^2 \\ \mathbf{P}'^3 \end{bmatrix} \cdot \mathbf{X}, \tag{4.28}$$

wobei die Vektoren $\mathbf{P}'^1, \mathbf{P}'^2$ und $\mathbf{P}'^3$ die einzelnen Zeilen der Projektionsmatrix bezeichnen. In euklidischer Darstellung liefert (4.28) zwei Gleichungen für die Bildkoordinaten $\mathbf{x}' = [x,y]^\mathrm{T}$, die man entsprechend Gl. (2.1) durch Eliminierung des beliebigen skalaren Faktors erhält:

$$\begin{bmatrix} x' \\ y' \end{bmatrix} = \begin{bmatrix} \mathbf{P}'^1\mathbf{X}/\mathbf{P}'^3\mathbf{X} \\ \mathbf{P}'^2\mathbf{X}/\mathbf{P}'^3\mathbf{X} \end{bmatrix} \quad \Leftrightarrow \quad \begin{bmatrix} x'\mathbf{P}'^3\mathbf{X} - \mathbf{P}'^1\mathbf{X} \\ y'\mathbf{P}'^3\mathbf{X} - \mathbf{P}'^2\mathbf{X} \end{bmatrix} = \mathbf{0}$$

$$\Leftrightarrow \quad \begin{bmatrix} x'\mathbf{P}'^3 - \mathbf{P}'^1 \\ y'\mathbf{P}'^3 - \mathbf{P}'^2 \end{bmatrix} \mathbf{X} =: \begin{bmatrix} \mathbf{A}_1 \\ \mathbf{B}_1 \end{bmatrix} \mathbf{X} = \mathbf{0} \,. \tag{4.29}$$

Gl. (4.29) erlaubt eine einfache und anschauliche geometrische Deutung (vgl. Bild 4.3):

- Die obere Zeile der Gl. (4.29) wird von allen Raumpunkten $\mathbf{X}$ erfüllt, welche auf eine gegebene Bildgerade $x' =$ konstant abgebildet werden. Der Vektor $\mathbf{A}_1 = x'\mathbf{P}'^3 - \mathbf{P}'^1$ definiert also eine Ebene, welche sowohl das optische Zentrum der Kamera als auch die durch $x' =$ konstant gegebene Gerade enthält. Für $x' = 0$ ergibt sich dabei entsprechend Tab. 2.1 die y-Achsen-Ebene durch das optische Zentrum.

- Analog entspricht der Vektor $\mathbf{B}_1 = y'\mathbf{P}'^3 - \mathbf{P}'^2$ der Ebene durch das optische Zentrum und die Bildgerade $y' =$ konstant.

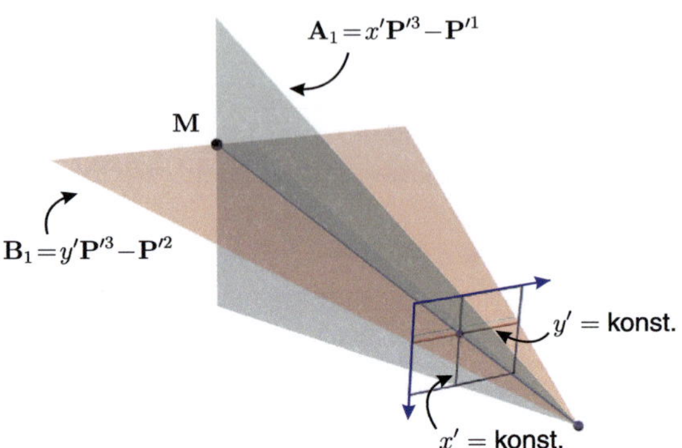

Bild 4.3: Anschauliche Deutung der Projektionsgleichung (4.29). Der Vektor $\mathbf{A}_1 = x'\mathbf{P}'^3 - \mathbf{P}'^1$ definiert die Ebene durch den Kamerabrennpunkt und die Bildgerade $x' = $ konstant, $\mathbf{B}_1 = y'\mathbf{P}'^3 - \mathbf{P}'^2$ die Ebene durch den Brennpunkt und die Gerade $y' = $ konstant.

Diese anschauliche Deutung lässt sich auch zu einer geometrisch motivierten Herleitung der Trilinearitäten verwenden. Hierfür werden analog zu Gl. (4.28) die Projektionsmatrizen

$$\mathbf{P}'' = \begin{bmatrix} \mathbf{P}''^1 \\ \mathbf{P}''^2 \\ \mathbf{P}''^3 \end{bmatrix} \, , \quad \mathbf{P}''' = \begin{bmatrix} \mathbf{P}'''^1 \\ \mathbf{P}'''^2 \\ \mathbf{P}'''^3 \end{bmatrix} \tag{4.30}$$

definiert. Damit alle drei Punkte $\mathbf{x}', \mathbf{x}'', \mathbf{x}'''$ Bilder des gleichen Raumpunktes $\mathbf{X}$ sein können, muss entsprechend Gl. (4.29) gelten:

$$\begin{bmatrix} x'\mathbf{P}'^3 - \mathbf{P}'^1 \\ y'\mathbf{P}'^3 - \mathbf{P}'^2 \\ x''\mathbf{P}''^3 - \mathbf{P}''^1 \\ y''\mathbf{P}''^3 - \mathbf{P}''^2 \\ x'''\mathbf{P}'''^3 - \mathbf{P}'''^1 \\ y'''\mathbf{P}'''^3 - \mathbf{P}'''^2 \end{bmatrix} \mathbf{X} =: \begin{bmatrix} \mathbf{A}_1 \\ \mathbf{B}_1 \\ \mathbf{A}_2 \\ \mathbf{B}_2 \\ \mathbf{A}_3 \\ \mathbf{B}_3 \end{bmatrix} \mathbf{X} =: \mathbf{D} \cdot \mathbf{X} \stackrel{!}{=} 0 \, . \tag{4.31}$$

Diese homogene Gleichung besitzt genau dann nicht-triviale Lösungen, wenn die Spalten der Matrix $\mathbf{D}$ linear abhängig sind, d. h. alle 4×4-Unterdeterminanten von $\mathbf{D}$ verschwinden (z. B. [Zurmühl 1964]). Betrachten wir beispielsweise die Unterdeterminante aus allen Vektoren, welche den ersten beiden Kameras zugeordnet sind:

$$\det \left(\mathbf{A}_1, \mathbf{B}_1, \mathbf{A}_2, \mathbf{B}_2 \right) \stackrel{!}{=} 0 \, . \tag{4.32}$$

Geometrisch besagt diese Bedingung, dass sich die vier Ebenen $\mathbf{A}_1$, $\mathbf{B}_1$, $\mathbf{A}_2$ und $\mathbf{B}_2$ in einem gemeinsamen Punkt schneiden müssen. Dabei ist die Schnittgerade der beiden Ebenen $\mathbf{A}_1$ und $\mathbf{B}_1$ der Lichtstrahl, der die Bildebene in x' trifft. Durch $\mathbf{A}_2$ und $\mathbf{B}_2$ ist entsprechend der Projektionsstrahl durch x'' gegeben. Anschaulich folgt daraus sofort, dass die Bedingung (4.32) gleichbedeutend mit der Epipolarbedingung (4.16) ist. Mathematisch wird diese Äquivalenz in [Faugeras u. Mourrain 1995] hergeleitet.

Da bei einer metrischen Parametrisierung nur maximal drei der aus Gl. (4.31) ableitbaren Bedingungen linear unabhängig sind, stellt sich nun die Frage, welche Gleichungen für die stereoskopische Selbstkalibrierung sinnvollerweise auszuwählen sind. Ein genereller Ansatz für drei Bilder eines Stereosystems, der im Übrigen auch von [Hartley 1997] zur Herleitung der trilinearen Bedingungen verwendet wurde, ist im Folgenden dargestellt:

1. Bei einem Stereosystem muss zwischen $\mathbf{x}'$ und $\mathbf{x}''$ — also dem rechten und linken Kamerabild — die Epipolarbedingung erfüllt sein:

$$\det(\mathbf{A}_1, \mathbf{B}_1, \mathbf{A}_2, \mathbf{B}_2) \overset{!}{=} 0 \,. \tag{4.33}$$

2. Der aus den Stereobildpunkten $\mathbf{x}'$ und $\mathbf{x}''$ rekonstruierbare 3D-Punkt soll auf $\mathbf{x}'''$ abgebildet werden. Dabei wird der 3D-Punkt bei der gegebenen Stereoanordnung sinnvollerweise aus dem Schnittpunkt der Ebenen $\mathbf{A}_1, \mathbf{B}_1, \mathbf{A}_2$ gewonnen. Damit der so rekonstruierte Raumpunkt auf die Bildkoordinaten $\mathbf{x}'''$ abgebildet wird, muss er sowohl in der Ebene $\mathbf{A}_3$ als auch in der Ebene $\mathbf{B}_3$ liegen. Wir erhalten die beiden trilinearen Bedingungen:

$$\det\left(\mathbf{A}_1, \mathbf{B}_1, \mathbf{A}_2, \mathbf{A}_3\right) \overset{!}{=} 0 \,, \quad \det\left(\mathbf{A}_1, \mathbf{B}_1, \mathbf{A}_2, \mathbf{B}_3\right) \overset{!}{=} 0 \,. \tag{4.34}$$

Wie sich durch Nachrechnen zeigen lässt, entsprechen diese Bedingungen den Trilinearitäten nach Gl. (4.26) für $(q,r) = (1,1)$ und $(q,r) = (1,2)$.

Die ausgewählten trilinearen Bedingungen sind in Bild 4.4 veranschaulicht. Über die Trilinearitäten ist der Transfer von zwei gegebenen Punkten $\mathbf{x}'$, $\mathbf{x}''$ in das dritte Bild nur dann nicht eindeutig möglich, wenn der zugehörige Raumpunkt auf der Basislinie der ersten beiden Kameras liegt. Ein weiterer degenerierter Fall wie bei den Epipolarbedingungen aus dem vorangehenden Kapitel tritt nicht auf. Da bei der praktischen Anwendung von Stereokameras ein beobachteter Punkt niemals auf der Basislinie der beiden Kamera liegt, können die angegeben Bedingungsgleichungen somit ohne Einschränkungen verwendet werden.

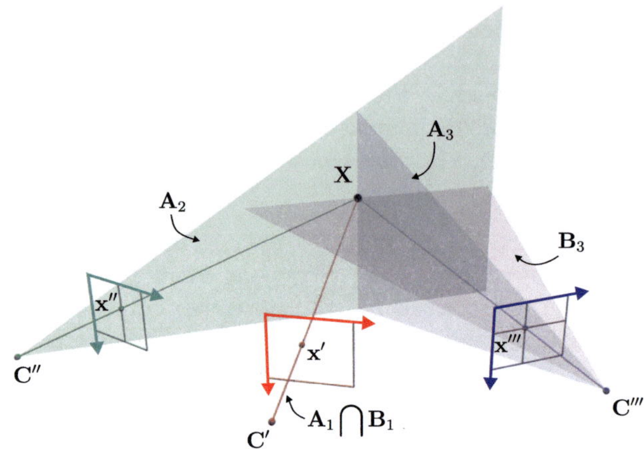

Bild 4.4: Geometrische Interpretation der trilinearen Bedingungen gemäß Gl. (4.34): Die Schnittmenge der beiden Ebenen $\mathbf{A}_1$ und $\mathbf{B}_1$ ist der Lichtstrahl durch $\mathbf{x}'$. Dieser Lichtstrahl schneidet die Ebene $\mathbf{A}_2$ (also die Ebene durch den Brennpunkt $\mathbf{C}''$ und die Bildgerade $x'' = $ konstant) im betrachteten 3D-Punkt $\mathbf{X}$. Die beiden trilinearen Bedingungen (4.34) erzwingen, dass der rekonstruierte Objektpunkt sowohl in der Ebene $\mathbf{A}_3$ als auch $\mathbf{B}_3$ liegen muss. Er muss also auf die Koordinaten x''' der dritten Kamera abgebildet werden.

Mit den gewählten Bedingungsgleichungen (4.33) und (4.34) besteht die Aufgabe der stereoskopischen Selbstkalibrierung entsprechend Kap. 4.1 also in der Minimierung der Kostenfunktion

$$\sum_{k=1}^{K}\sum_{i=1}^{N} \left\| \hat{\mathbf{x}}_{R,k}^{i} - \mathbf{x}_{R,k}^{i} \right\|_{\boldsymbol{\Sigma}_{R,k}^{i}}^{2} + \left\| \hat{\mathbf{x}}_{L,k}^{i} - \mathbf{x}_{L,k}^{i} \right\|_{\boldsymbol{\Sigma}_{L,k}^{i}}^{2} + \left\| \hat{\mathbf{x}}_{R,k+1}^{i} - \mathbf{x}_{R,k+1}^{i} \right\|_{\boldsymbol{\Sigma}_{R,k+1}^{i}}^{2}$$

$$(4.35)$$

über die Kamera- und Bewegungsparameter $(\mathbf{z}_{C,k}, \mathbf{z}_{M,k})$, wobei gleichzeitig die Nebenbedingungen

$$\begin{bmatrix} h_{T11}\left(\mathbf{x}_{R,k}^{i}, \mathbf{x}_{L,k}^{i}, \mathbf{x}_{R,k+1}^{i}, \mathbf{T}\right) \\ h_{T12}\left(\mathbf{x}_{R,k}^{i}, \mathbf{x}_{L,k}^{i}, \mathbf{x}_{R,k+1}^{i}, \mathbf{T}\right) \\ \left(\mathbf{x}_{L,k}^{i}\right)^{\mathrm{T}} \mathbf{F}\, \mathbf{x}_{R,k}^{i} \end{bmatrix} = \mathbf{0} \qquad (4.36)$$

für alle gegeben Punkttripel mit $i \in \{1 \ldots N\}$, $k \in \{1 \ldots K\}$, erfüllt sein müssen.

In Gl. (4.36) sind der Trifokaltensor und die Fundamentalmatrix als Funktionen der Zustandsgrößen zu verstehen: $\mathbf{T} = \mathbf{T}(\mathbf{z}_{C,k}, \mathbf{z}_{M,k})$, $\mathbf{F} = \mathbf{F}(\mathbf{z}_{C,k}, \mathbf{z}_{M,k})$.

4.4 Der Bündelausgleich

Ein weit verbreiteter Ansatz zur Kalibrierung von Kameras und zur 3D-Rekonstruktion aus Bildverbänden ist der *Bündelausgleich* (siehe z. B. [Schmid 1958; Kraus 1986; Granshaw 1980; Triggs u. a. 2000]). Grundlage des Bündelausgleichs ist die Kollinearitätsgleichung (engl. *collinearity condition*, z. B. [Thompson 1966, S. 469]), welche besagt, dass ein betrachteter 3D-Objektpunkt, sein zugehöriger Bildpunkt und der Brennpunkt der Kamera auf einer gemeinsamen Gerade liegen müssen. Diese einfache Bedingung entspricht der Projektionsgleichung (2.10) und ist für verfolgte Punkte $\mathbf{X}^i$ in Stereosequenzen allgemein durch

$$\mathbf{x}_{R,k}^i \stackrel{!}{=} \pi_R\left(\mathbf{X}_k^i\right) \quad \text{sowie} \tag{4.37}$$

$$\mathbf{x}_{L,k}^i \stackrel{!}{=} \pi_L\left(\mathbf{X}_k^i\right) \tag{4.38}$$

gegeben, wobei die Abbildungen π_R und π_L als Funktionen der intrinsischen und extrinsischen Kameraparameter $\mathbf{z}_C$ zu verstehen sind. Zielsetzung des Bündelausgleichs ist es nun, durch gleichzeitige Variation der 3D-Koordinaten $\mathbf{X}_k^i$ und der Kameraparameter $\mathbf{z}_C$ eine möglichst gute Übereinstimmung zwischen erwarteten und gemessenen Bildpunkten zu erreichen. Geometrisch kann dies als Optimierung eines Bündels von Projektionsstrahlen interpretiert werden, welches durch die betrachteten Punkte $\mathbf{X}_k^i$ und den Brennpunkt der jeweiligen Kameras definiert ist.

Durch die explizite Verwendung von $\mathbf{X}_k^i$ liegt hier im Gegensatz zu den beiden zuvor dargestellten Bedingungsgleichungen keine Entkopplung von Kameraparametern und betrachteter 3D-Struktur mehr vor. Deshalb müssen beim Bündelausgleichsverfahren nicht nur Kamerakalibrierung und Bewegung in der Szene bestimmt werden, sondern es ist zusätzlich die Schätzung der drei Raumkoordinaten jedes betrachteten Punktes notwendig. Durch den hochdimensionalen Parameterraum wird die Optimierungsaufgabe sehr aufwändig. Der Bündelausgleich erfordert zudem eine gute Anfangsschätzung der verwendeten Parameter, um dem Problem lokaler Minima zu entgehen. Schließlich wird das Bündelausgleichsverfahren zumeist in einem Batch-Ansatz gelöst, bei dem alle erfassten Messdaten gespeichert und erst am Ende der Messperiode gleichzeitig verarbeitet werden. Für eine schritthaltende Selbstkalibrierung ist jedoch eine rekursive Verarbeitung zweckmäßiger, da hier aufgenommene Information direkt eingebracht werden kann und eine Speicherung langer Bildverbände nicht notwendig ist.

Ein wesentlicher Vorteil des Bündelausgleichs ist außerdem, dass er Information von verfolgten Bildpunkten über beliebig lange Sequenzen integrieren kann, während die beiden vorangehenden Bedingungsgleichungen lediglich Punktkorrespondenzen zwischen zwei oder drei Bildern berücksichtigen können. Dies wird vor allem dann deutlich, wenn man beispielsweise das Dilemma der praktischen Anwendung der trilinearen Bedingungen betrachtet: Einerseits ist der Informationsgehalt der Trilinearitäten im Allgemeinen höher, wenn Verschiebungen im Bild und damit die effektiven Basislängen zwischen den Kameras größer sind. Anderseits ist bei großen Kamerabewegungen die Suche nach korrespondierenden Punkten ungleich schwieriger und ungenauer als bei kleinen Verschiebungen. Aus diesem Grund schlagen z. B. [Hartley u. Zisserman 2002] vor, Korrespondenzen bei hohen Bildraten zu bestimmen und zu addieren. Die trilinearen Bedingungen werden dann erst auf die akkumulierten Verschiebungen zwischen z. B. dem ersten und fünften Bild einer Sequenz berechnet. Ein solches Verfahren ist bei einem rekursiven Bündelausgleich nicht notwendig. Hier kann 2D-Bewegungsinformation aus Bildern mit hoher Taktrate ohne zeitliche Verzögerung direkt verwendet und sinnvoll über den gesamten Bildverband integriert werden.

In Bezug auf die Anwendung der schritthaltenden Kalibrierung ist es zunächst wichtig, der hohen Dimensionalität des Parametervektors aus Kameraparametern, Kamerabewegung und 3D-Koordinaten $\mathbf{X}_k^i$ der betrachten Punkte zu begegnen. Dazu wird in Anlehnung an *structure from motion* Ansätze [Azarbayejani u. Pentland 1995; Soatto u. Perona 1998a,b] eine reduzierte Repräsentation der in der Szene vorliegenden 3D-Struktur verwendet: Mit Hilfe der inversen Projektionsgleichung (2.12) kann jeder 3D-Punkt in seine Bildkoordinaten $\mathbf{x}_{R,k}^i$ und seine Tiefe ρ_k^i zerlegt werden:

$$\mathbf{X}_k^i = \mathbf{\Pi}_R^{-1}\left(\mathbf{x}_{R,k}^i, \rho_k^i\right) . \tag{4.39}$$

Während die Bildposition $\mathbf{x}_{R,k}^i$ eines Objektpunktes $\mathbf{X}_k^i$ eine aus dem Bildverband direkt messbare Größe darstellt, muss die Tiefe ρ_k^i aus mehreren korrespondierenden Bildpunkten geschätzt werden. Gl. (4.39) zerlegt also jede 3D-Position in zwei Koordinaten in der Bildebene mit geringer Unsicherheit und eine 3D-Größe mit hoher Unsicherheit. In der Praxis ergibt sich dadurch die wesentliche Vereinfachung, dass für jeden verfolgten Punkt nur seine Entfernungskomponente geschätzt werden muss, während seine Bildkoordinaten lediglich als fehlerbehaftete Beobachtungen behandelt werden können. Man erreicht also eine Reduktion des zu schätzenden Zustandsparameters, da für jeden Punkt anstatt dreier Weltkoordinaten nur eine freie Tiefenkomponente bestimmt werden muss.

Mit Hilfe der inversen Projektionsgleichung und dem starren Bewegungsmodell der Kamera lässt sich die 3D-Position eines Punktes im Zeitschritt $k+1$ vorhersagen:

$$
\begin{aligned}
\mathbf{X}_{k+1}^i &= \mathbf{R}_{M,k}\,\mathbf{X}_k^i + \mathbf{T}_{M,k} \\
&= \mathbf{R}_{M,k}\,\mathbf{\Pi}_R^{-1}\left(\mathbf{x}_{R,k}^i, \rho_k^i\right) + \mathbf{T}_{M,k}\,.
\end{aligned}
\tag{4.40}
$$

Gemessene Größen in der Bildsequenz sind Koordinaten korrespondierender Punkte im nächsten rechten Bild der Sequenz sowie im aktuellen linken Kamerabild. Für ideale Beobachtungen ergeben sich gemäß Gln. (4.39) und (4.40) die beiden Kollinearitätsgleichungen:

$$
\mathbf{x}_{R,k+1}^i \stackrel{!}{=} \boldsymbol{\pi}_R\left(\mathbf{R}_{M,k}\,\mathbf{\Pi}_R^{-1}\left(\mathbf{x}_{R,k}^i, \rho_k^i\right) + \mathbf{T}_{M,k}\right)
\tag{4.41}
$$

$$
\mathbf{x}_{L,k}^i \stackrel{!}{=} \boldsymbol{\pi}_L\left(\mathbf{\Pi}_R^{-1}\left(\mathbf{x}_{R,k}^i\right)\right)\,.
\tag{4.42}
$$

Fassen wir diese Beziehungen für einen Bildverband im allgemeinen Beobachtungsmodell von Kap. 4.1 zusammen, so erhalten wir

$$
\underset{(\mathbf{z}_C,\mathbf{z}_M,\rho^1,\dots,\rho^N)}{\operatorname{argmin}} \sum_{k=1}^{K}\sum_{i=1}^{N} \|\hat{\mathbf{x}}_{R,k}^i - \mathbf{x}_{R,k}^i\|_{\mathbf{\Sigma}_{RR,k}^i}^2 + \|\hat{\mathbf{x}}_{L,k}^i - \mathbf{x}_{L,k}^i\|_{\mathbf{\Sigma}_{LL,k}^i}^2
\tag{4.43}
$$

unter den Nebenbedingungen

$$
\begin{bmatrix}
\mathbf{x}_{R,k+1}^i - \boldsymbol{\pi}_R\left(\mathbf{R}_{M,k}\,\mathbf{\Pi}_R^{-1}\left(\mathbf{x}_{R,k}^i, \rho_k^i\right) + \mathbf{T}_{M,k}\right) \\
\mathbf{x}_{L,k}^i - \boldsymbol{\pi}_L\left(\mathbf{\Pi}_R^{-1}\left(\mathbf{x}_{R,k}^i\right)\right)
\end{bmatrix} = \mathbf{0}\,,
\tag{4.44}
$$

für alle $i \in \{1\dots N\}$, $k \in \{1\dots K-1\}$.

Damit sind die drei in dieser Arbeit verwendeten Bedingungsgleichungen vorgestellt. Zum Abschluss dieses Kapitels werden deren wichtigste Eigenschaften nochmals kurz zusammengefasst und vergleichend bewertet.

4.5 Gegenüberstellung der Verfahren

Vergleichen wir die Eigenschaften der dargestellten Bedingungsgleichungen, so ergeben sich zusammenfassend folgende wichtige Punkte:

- Die Epipolarbedingung zwischen rechtem und linkem Stereobild verwendet ausschließlich räumliche Punktkorrespondenzen, während die Trilinearitäten sowohl räumliche als auch zeitliche Korrespondenzen zwischen aufeinander folgenden Bildern einer Kamera in Beziehung setzt. Der Bündelausgleich verbindet Projektionen eines Objektpunktes über den gesamten

Bildverband und erfordert damit eine zuverlässige Punktverfolgung in der Stereosequenz. Dies hat zur Folge, dass der Rechenaufwand für die Eingangsdaten des Bündelausgleichsverfahrens am höchsten ist.

- Die Epipolarbedingung liefert lediglich eine eindimensionale Einschränkung der Lage korrespondierender Bildpunkte. Sie berücksichtigt ausschließlich Abweichungen senkrecht zu den Epipolarlinien; Zuordnungsfehler entlang der Epipolarlinien werden dagegen vernachlässigt. Demgegenüber beziehen sowohl die Kollinearitätsgleichungen des Bündelausgleichs als auch die Trilinearitäten alle Komponenten des zweidimensionalen Korrespondenzfehlers mit ein.

- Sowohl die trilinearen Bedingungen als auch der Bündelausgleich erfordern, dass sich die Dynamik aller betrachteten Objektpunkte mit dem gleichen starren Bewegungsmodell beschreiben lässt. In der Praxis hat dies zur Folge, dass eine Selbstkalibrierung unabhängig bewegte Objekte in der Szene erkennen muss. Dies wird in dieser Arbeit durch ein robustes Schätzverfahren (Kap. 5) erreicht. Die Epipolarbedingung zwischen Stereobildern verwenden dagegen keine zeitlichen Punktkorrespondenzen und benötigt deshalb keine einschränkenden Annahmen über die Starrheit der Szene.

- Die Epipolarbedingung und die Trilinearitäten entkoppeln die Schätzung der Kameraparameter von der Bestimmung der 3D-Struktur der betrachteten Szene. Daraus ergibt sich eine geringere Dimension des zu optimierenden Zustandsvektors als beim Bündelausgleich, bei dem neben den Kameraparametern für jeden verfolgten Punkt zusätzlich die Tiefenkomponente geschätzt werden muss. Der Bündelausgleich ist deshalb numerisch aufwändiger und schwieriger als die beiden anderen Ansätze.

- Aufgrund der Ausnutzung aller gegebenen Information und der inhärenten Akkumulation der effektiven Basislänge ermöglicht der Bündelausgleich die höchste Genauigkeit der Selbstkalibrierung. Dies wird auch durch die Experimente in Kap. 5 demonstriert.

Zweifelsohne ist eine hohe Genauigkeit wichtigste Anforderung einer stereoskopischen Selbstkalibrierung, sodass im Allgemeinen die Bedingungsgleichungen des Bündelausgleichs zu bevorzugen sind. Aber gerade aufgrund des Fehlens einer Starrheitsannahme weist die Epipolarbedingung in der Praxis wichtige Vorteile auf, da keine unabhängig bewegten Objekte in der Szene identifiziert werden müssen. Im Allgemeinen kann damit eine stabilere, wenn auch ungenauere rekursive Selbstkalibrierung erreicht werden. Aus diesen Gründen bietet sich für die praktische Anwendung eine Kombination mehrerer Bedingungsgleichungen an. Dies ist durch die einheitliche Formulierung im Gauß-Helmert-Modell ohne weiteres möglich. Bevor diese Kombination und experimentelle Untersuchungen genauer beschrieben werden, stellt das nächste Kapitel rekursive Verfahren zur Optimierung der allgemeinen Kostenfunktion nach Kap. 4.1 vor.

5   Rekursive Selbstkalibrierung von Stereokameras

Nachdem im letzten Kapitel verschiedene Bedingungsgleichungen für die stereoskopische Selbstkalibrierung vorgestellt wurden, zeigt Kap. 5, wie für diese Kriterien optimale Kameraparameter bestimmt werden können. Eine kurze Übersicht verbreiteter rekursiver Schätzverfahren ist in Anhang A.4 zu finden. In dieser Arbeit wird ein Iteratives Erweitertes Kalman-Filter (IEKF) verwendet.[1]

Von besonderer Bedeutung für die schritthaltende Selbstkalibrierung ist, dass der Zusammenhang zwischen Kameraparametern und Beobachtungen durch eine implizite Funktion gegeben ist und deshalb sinnvollerweise durch ein Gauß-Helmert-Modell beschrieben wird. Da das Kalman-Filter in seiner ursprünglichen Formulierung nur für (explizite) Gauß-Markoff-Modelle verwendet werden kann, wurde im Rahmen dieser Arbeit ein spezielles IEKF für nichtlineare implizite Fehlermodelle entworfen: Ausgangspunkt hierfür bildet die Parameterschätzung im linearen Gauß-Helmert-Modell nach der Methode der kleinsten Quadrate (Kap. 5.1). Auf dieser Grundlage lässt sich ein rekursives Schätzverfahren für implizite Beobachtungsmodelle entwickeln (Kap. 5.2.2 und 5.2.3).

Da in der Praxis häufig grobe Zuordnungsfehler bei der Merkmalsextraktion unvermeidbar sind, ist die Robustheit des verwendeten Parameterschätzverfahrens von großer Bedeutung. Dazu wird in Kap. 5.2.4 ein robuster Innovationsschritt des Kalman-Filters auf Basis eines *random sampling*-Verfahrens vorgeschlagen. Mit den entwickelten Methoden lässt sich ein Algorithmus zur stereoskopischen Selbstkalibrierung praktisch realisieren, dessen Funktionsfähigkeit zunächst an Hand von simulierten Daten überprüft wird (Kap. 5.2.4). Schließlich wird in Kap. 5.3 ein Verfahren zur stochastischen Beobachtbarkeitsanalyse vorgestellt. Mit diesem kann die Leistungsfähigkeit der Selbstkalibrierung bei unterschiedlichen Bewegungssequenzen analysiert werden. Außerdem ist ein Vergleich sowie eine Bewertung der verschiedenen geometrischen Bedingungsgleichungen möglich.

---

[1] Bei der Entwicklung der hier dargestellten Selbstkalibrierung wurde neben dem IEKF auch ein *Unscented Kalman Filter* (Anhang A.4) für einen rekursiven Bündelausgleich untersucht. Allerdings konnte dadurch keine signifikante Verbesserung erzielt werden, sodass auf eine detaillierte Beschreibung des *Unscented Kalman Filters* hier verzichtet wird.

5.1 Parameterschätzung im linearen Gauß-Helmert-Modell

In diesem Abschnitt wird die Parameterschätzung im linearen Gauß-Helmert-Modell nach der Methode der kleinsten Quadrate beschrieben. Dabei zeigt sich, dass das lineare Gauß-Helmert-Modell in ein entsprechendes Gauß-Markoff-Modell transformierbar ist, welches identische Schätzwerte liefert. Diese Transformation ist für die Anwendung des Iterativen Erweiterten Kalman-Filters in den nachfolgenden Unterkapiteln von großer Bedeutung und wird deshalb ausführlich behandelt.

Im Gauß-Markoff-Modell ist der Zusammenhang zwischen einer fehlerbehafteten Beobachtung $\hat{x}$, einem unbekannten Parametervektor z und einem zufälligen Fehler e durch

$$\hat{x} = Hz + e, \quad E\{e\} = 0, \quad Cov\{e\} = \Sigma_{ee}. \tag{5.1}$$

gegeben. Für dieses Modell berechnet sich der optimale Schätzwert $\hat{z}$ des gesuchten Parametervektors nach der Methode der kleinsten Quadrate gemäß

$$\hat{z} = \left(H^T \Sigma_{ee}^{-1} H\right)^{-1} H^T \Sigma_{ee}^{-1} \hat{x}. \tag{5.2}$$

Im Gauß-Markoff-Modell ist dieser Schätzwert gleichzeitig sowohl die beste lineare erwartungstreue Schätzung als auch — bei gaußverteilten Messfehlern e — das Ergebnis der Maximum-Likelihood-Methode (s. z. B. [Koch 1987, S. 188]).

Im linearen Gauß-Helmert-Modell (vgl. auch Kap. 4.1) mit normalverteiltem Messrauschen gilt dagegen für die fehlerbehaftete Beobachtung

$$\hat{x} = x + e, \quad e \sim N(0, \Sigma_{ee}), \tag{5.3}$$

wobei für die ideale Messung x gleichzeitig eine Nebenbedingung der allgemeinen Form

$$h(x, z) = Az + Bx + y = 0 \tag{5.4}$$

erfüllt sein muss.

Um für dieses implizite Modell eine optimale Schätzung im Sinne der kleinsten Fehlerquadrate zu bestimmen, wird das *Verfahren von Lagrange* angewendet: Der optimale Schätzwert $\hat{z}$ ist durch eine Extremalstelle der Hilfsfunktion

$$J = (\hat{x} - x)^T \Sigma_{ee}^{-1} (\hat{x} - x) - 2\eta^T (Az + Bx + y) \tag{5.5}$$

gegeben. Damit die partiellen Ableitungen von J nach der idealen Beobachtung $\mathbf{x}$, dem Lagrangeschen Multiplikator η und dem Parametervektor $\mathbf{z}$ verschwinden, muss gelten:

$$\frac{\partial J}{\partial \mathbf{x}} = -2\boldsymbol{\Sigma}_{\mathbf{ee}}^{-1}(\hat{\mathbf{x}} - \mathbf{x}) - 2\mathbf{B}^{\mathrm{T}}\eta = \mathbf{0}$$

$$\Longleftrightarrow \quad \mathbf{x} = \hat{\mathbf{x}} + \boldsymbol{\Sigma}_{\mathbf{ee}}\mathbf{B}^{\mathrm{T}}\eta \tag{5.6}$$

$$\frac{\partial J}{\partial \mathbf{z}} = -2\mathbf{A}^{\mathrm{T}}\eta = \mathbf{0}$$

$$\Longleftrightarrow \quad \mathbf{A}^{\mathrm{T}}\eta = \mathbf{0} \tag{5.7}$$

$$\frac{\partial J}{\partial \eta} = -2\left(\mathbf{A}\mathbf{z} + \mathbf{B}\mathbf{x} + \mathbf{y}\right) = \mathbf{0}$$

$$\Longleftrightarrow \quad \mathbf{A}\mathbf{z} + \mathbf{B}\mathbf{x} + \mathbf{y} = \mathbf{0}. \tag{5.8}$$

Setzt man Gl. (5.6) in die Nebenbedingung (5.8) ein, so erhält man

$$\mathbf{A}\mathbf{z} + \mathbf{B}\boldsymbol{\Sigma}_{\mathbf{ee}}\mathbf{B}^{\mathrm{T}}\eta = -\mathbf{y} - \mathbf{B}\hat{\mathbf{x}}. \tag{5.9}$$

Mit den Hilfsvariablen

$$\boldsymbol{\Sigma}_{\tilde{\mathbf{e}}\tilde{\mathbf{e}}} := \mathbf{B}\boldsymbol{\Sigma}_{\mathbf{ee}}\mathbf{B}^{\mathrm{T}} \quad \text{und} \quad \hat{\tilde{\mathbf{x}}} := -\mathbf{y} - \mathbf{B}\hat{\mathbf{x}} \tag{5.10}$$

ergibt sich aus Gln. (5.7) und (5.9) das lineare Gleichungssystem

$$\begin{bmatrix} \boldsymbol{\Sigma}_{\tilde{\mathbf{e}}\tilde{\mathbf{e}}} & \mathbf{A} \\ \mathbf{A}^{\mathrm{T}} & \mathbf{0} \end{bmatrix} \begin{bmatrix} \eta \\ \mathbf{z} \end{bmatrix} = \begin{bmatrix} \hat{\tilde{\mathbf{x}}} \\ \mathbf{0} \end{bmatrix}. \tag{5.11}$$

In dieser Arbeit wird angenommen, dass die linke quadratische Matrix aus Gl. (5.11) regulär ist und das Gleichungssystem deshalb eindeutig gelöst werden kann.[2] Zur Bestimmung der gesuchten Parameter wird durch Gauß'sche Elimina-

---

[2] Dies kann leicht mit Hilfe der Determinante einer Blockmatrix überprüft werden. Allgemein gilt (z. B. [Koch 1987, S. 45]):

$$\det \begin{bmatrix} \mathbf{M}_1 & \mathbf{M}_2 \\ \mathbf{M}_3 & \mathbf{M}_4 \end{bmatrix} = \det \mathbf{M}_1 \cdot \det(\mathbf{M}_4 - \mathbf{M}_3 \mathbf{M}_1^{-1}\mathbf{M}_2).$$

Damit ergibt sich für die Determinante der linken Matrix in Gl. (5.11):

$$-\det \boldsymbol{\Sigma}_{\tilde{\mathbf{e}}\tilde{\mathbf{e}}} \cdot \det(\mathbf{A}^{\mathrm{T}}\boldsymbol{\Sigma}_{\tilde{\mathbf{e}}\tilde{\mathbf{e}}}^{-1}\mathbf{A}).$$

Diese Determinante ist von Null verschieden, wenn $\boldsymbol{\Sigma}_{\tilde{\mathbf{e}}\tilde{\mathbf{e}}}$ regulär ist (d. h. $\boldsymbol{\Sigma}_{\mathbf{ee}}$ regulär ist und $\mathbf{B}$ Höchstrang hat) und außerdem die Matrix $\mathbf{A}$ vollen Rang besitzt. Diese Voraussetzungen sind in der betrachteten Anwendung erfüllt.

tion eine obere Dreiecksmatrix erzeugt:

$$\begin{bmatrix} \mathbf{I} & \mathbf{0} \\ -\mathbf{A}^{\mathrm{T}}\boldsymbol{\Sigma}_{\tilde{\mathbf{e}}\tilde{\mathbf{e}}}^{-1} & \mathbf{I} \end{bmatrix} \begin{bmatrix} \boldsymbol{\Sigma}_{\tilde{\mathbf{e}}\tilde{\mathbf{e}}} & \mathbf{A} \\ \mathbf{A}^{\mathrm{T}} & \mathbf{0} \end{bmatrix} \begin{bmatrix} \boldsymbol{\eta} \\ \mathbf{z} \end{bmatrix} = \begin{bmatrix} \mathbf{I} & \mathbf{0} \\ -\mathbf{A}^{\mathrm{T}}\boldsymbol{\Sigma}_{\tilde{\mathbf{e}}\tilde{\mathbf{e}}}^{-1} & \mathbf{I} \end{bmatrix} \begin{bmatrix} \hat{\tilde{\mathbf{x}}} \\ \mathbf{0} \end{bmatrix}$$

$$\iff \quad \begin{bmatrix} \boldsymbol{\Sigma}_{\tilde{\mathbf{e}}\tilde{\mathbf{e}}} & \mathbf{A} \\ \mathbf{0} & -\mathbf{A}^{\mathrm{T}}\boldsymbol{\Sigma}_{\tilde{\mathbf{e}}\tilde{\mathbf{e}}}^{-1}\mathbf{A} \end{bmatrix} \begin{bmatrix} \boldsymbol{\eta} \\ \mathbf{z} \end{bmatrix} = \begin{bmatrix} \hat{\tilde{\mathbf{x}}} \\ -\mathbf{A}^{\mathrm{T}}\boldsymbol{\Sigma}_{\tilde{\mathbf{e}}\tilde{\mathbf{e}}}^{-1}\hat{\tilde{\mathbf{x}}} \end{bmatrix} . \tag{5.12}$$

Daraus ergibt sich für den optimalen Schätzwert im Sinne der kleinsten Fehlerquadrate

$$\hat{\mathbf{z}} = \left[\mathbf{A}^{\mathrm{T}}\boldsymbol{\Sigma}_{\tilde{\mathbf{e}}\tilde{\mathbf{e}}}^{-1}\mathbf{A}\right]^{-1}\mathbf{A}^{\mathrm{T}}\boldsymbol{\Sigma}_{\tilde{\mathbf{e}}\tilde{\mathbf{e}}}^{-1}\hat{\tilde{\mathbf{x}}} . \tag{5.13}$$

Zusätzlich lässt sich aus Gln. (5.6), (5.12) und (5.13) eine Schätzung $\check{\mathbf{x}}$ für den idealen Beobachtungsvektor angeben:

$$\check{\mathbf{x}} = \hat{\mathbf{x}} + \boldsymbol{\Sigma}_{\mathbf{ee}}\mathbf{B}^{\mathrm{T}}\boldsymbol{\Sigma}_{\tilde{\mathbf{e}}\tilde{\mathbf{e}}}^{-1}\left(\hat{\tilde{\mathbf{x}}} - \mathbf{A}\hat{\mathbf{z}}\right) . \tag{5.14}$$

In [Koch 1987] wird gezeigt, dass diese Lösung des Optimierungsproblems für ein lineares Gauß-Helmert-Modell (dort auch als gemischtes Modell mit normalverteiltem Fehler bezeichnet) gleichzeitig auch die beste erwartungstreue Schätzung und die Maximum-Likelihood-Schätzung darstellt.

Vergleicht man nun das Schätzergebnis (5.13) für das Gauß-Helmert-Modell und das Ergebnis (5.2) des Gauß-Markoff-Modells, so stellt man fest, dass beide Modelle zu einem Schätzer mit identischer Struktur führen. Tatsächlich zeigt ein Koeffizientenvergleich, dass der im linearen Gauß-Helmert-Modell ermittelte Schätzwert auch durch eine Kleinste-Quadrate-Schätzung im transformierten Gauß-Markoff-Modell

$$\hat{\tilde{\mathbf{x}}} = \tilde{\mathbf{H}}\mathbf{z} + \tilde{\mathbf{e}} , \quad \tilde{\mathbf{e}} \sim N(\mathbf{0}, \boldsymbol{\Sigma}_{\tilde{\mathbf{e}}\tilde{\mathbf{e}}}) \tag{5.15}$$

berechnet werden kann, wobei die Transformation durch

$$\hat{\tilde{\mathbf{x}}} := -\mathbf{y} - \mathbf{B}\hat{\mathbf{x}} \tag{5.16a}$$

$$\tilde{\mathbf{H}} := \mathbf{A} \tag{5.16b}$$

$$\tilde{\mathbf{e}} := \mathbf{B}\mathbf{e} \tag{5.16c}$$

$$\boldsymbol{\Sigma}_{\tilde{\mathbf{e}}\tilde{\mathbf{e}}} := \mathbf{B}\boldsymbol{\Sigma}_{\mathbf{ee}}\mathbf{B}^{\mathrm{T}} \tag{5.16d}$$

gegeben ist. Die Transformationsvorschrift (5.16) wird in den folgenden Kapiteln zur Entwicklung eines Kalman-Filters für implizite Beobachtungsmodelle verwendet.

5.2   Das Iterative Erweiterte Kalman-Filter (IEKF)

5.2.1   Kalman-Filter für lineare Gauß-Markoff-Modelle

Das Kalman-Filter ist ein rekursiver Algorithmus zur optimalen Schätzung der Parameter eines dynamischen Systems aus einer Folge von fehlerbehafteten Messungen. Benannt wurde das Filter nach Rudolph E. Kalman, der es 1960 für zeitdiskrete Systeme vorstellte [Kalman 1960a] und später mit Richard Bucy für zeitkontinuierliche Systeme erweiterte [Kalman u. Bucy 1961]. Obschon das Filter erst durch die Arbeiten von Kalman bekannt wurde, existierten bereits vorher ähnliche Algorithmen [Simon 2006]: Der dänische Astronom Thorvald Nicolai Thiele entwickelte 1880 einen rekursiven Kleinste-Quadrate-Schätzer für skalare Zustände, der ebenfalls die Varianz des geschätzten Parameters bestimmt. Außerdem beschrieb Peter Swerling 1959 einen ähnlichen Ansatz zur Bestimmung von Satellitenumlaufbahnen. Das vorliegende Unterkapitel fasst zunächst die Formeln des Kalman-Filters für lineare Gauß-Markoff-Modelle zusammen. Detailliertere Beschreibungen des Kalman-Filters sind in den hervorragenden Lehrbüchern [Simon 2006; Maybeck 1982; Gelb 1994] zu finden.

Das Kalman-Filter wurde ursprünglich für lineare Gauß-Markoff-Modelle entwickelt. Der Systemzustandsvektor $\mathbf{z}_k$ gehorche der linearen Differenzengleichung:

$$\mathbf{z}_k = \mathbf{F}_{k-1}\mathbf{z}_{k-1} + \mathbf{G}_{k-1}\mathbf{u}_{k-1} + \mathbf{w}_{k-1}\,, \tag{5.17}$$

wobei $\mathbf{F}_{k-1}$ die Transitionsmatrix, $\mathbf{G}_{k-1}$ die Eingangsmatrix, $\mathbf{u}_{k-1}$ eine bekannte Stellgröße und $\mathbf{w}_{k-1}$ das Systemrauschen bezeichnen. Das Beobachtungsmodell sei durch den linearen Zusammenhang

$$\hat{\mathbf{x}}_x = \mathbf{H}_k\mathbf{z}_k + \mathbf{e}_k \tag{5.18}$$

gegeben. $\mathbf{H}_k$ ist die Beobachtungsmatrix, $\hat{\mathbf{x}}_x$ gibt die im k-ten Zeitschritt erfasste Messung an, und $\mathbf{e}_k$ repräsentiert den zufälligen Messfehler. Die Rauschgrößen $\mathbf{w}_k$ und $\mathbf{e}_k$ sollten mittelwertfrei und unkorreliert sein. Ihre Kovarianz sei durch $\mathbf{\Sigma}_{\mathbf{ww},k}$ und $\mathbf{\Sigma}_{\mathbf{ee},k}$ gegeben:

$$\mathbf{w}_k \sim \mathrm{N}(\mathbf{0}, \mathbf{\Sigma}_{\mathbf{ww},k}) \tag{5.19}$$

$$\mathbf{e}_k \sim \mathrm{N}(\mathbf{0}, \mathbf{\Sigma}_{\mathbf{ee},k}) \tag{5.20}$$

$$\mathrm{E}\{\mathbf{w}_i\mathbf{w}_j^{\mathrm{T}}\} = \mathbf{0}\,,\ \mathrm{E}\{\mathbf{e}_i\mathbf{e}_j^{\mathrm{T}}\} = \mathbf{0}\,,\ \mathrm{E}\{\mathbf{w}_i\mathbf{e}_i^{\mathrm{T}}\} = \mathbf{0}\,,\ i,j \in \mathbb{N}\,,\ i \neq j\,. \tag{5.21}$$

Dabei ist zu bemerken, dass das Kalman-Filter auch für korrelierte Rauschsignale formuliert werden kann [Simon 2006]. Die Forderungen (5.21) können also teilweise umgangen werden. Außerdem ist es möglich, die Annahme gaußverteilter

Störgrößen abzuschwächen: Liegt keine Gaußverteilung vor, so ist das Kalman-Filter dennoch das beste lineare erwartungstreue Filter minimaler Varianz [Maybeck 1982, S. 231ff].

Das Kalman-Filter hat prinzipiell eine regelkreisähnliche Struktur (Bild 5.1) und besteht aus einer alternierenden Abfolge von Prädiktions- und Innovationsschritten:

- Im *Prädiktionsschritt* werden der erwartete Systemzustand im nächsten Zeitschritt $\hat{\mathbf{z}}_k^-$ (auch als *a priori* Schätzung bezeichnet) sowie dessen Kovarianzmatrix $\mathbf{P}_k^-$ aus der bisherigen besten Schätzung $\hat{\mathbf{z}}_{k-1}^+$ berechnet:

$$\hat{\mathbf{z}}_k^- = \mathbf{F}_{k-1}\hat{\mathbf{z}}_{k-1}^+ + \mathbf{G}_{k-1}\mathbf{u}_{k-1} \tag{5.22}$$

$$\mathbf{P}_k^- = \mathbf{F}_{k-1}\mathbf{P}_k^+\mathbf{F}_{k-1}^{\mathrm{T}} + \boldsymbol{\Sigma}_{\mathbf{ww}} \,. \tag{5.23}$$

- Im Innovationsschritt wird der prädizierte Systemzustand $\hat{\mathbf{z}}_k^-$ mit Hilfe der aktuellen Messung $\hat{\mathbf{x}}_k$ korrigiert. Neben der *a posteriori* Schätzung $\hat{\mathbf{z}}_k^+$ wird gleichzeitig auch die Kovarianzmatrix $\mathbf{P}_k^+$ der verbesserten Zustandschätzung bestimmt:

$$\mathbf{K}_k = \mathbf{P}_k^-\mathbf{H}_k^{\mathrm{T}}\left[\mathbf{H}_k\mathbf{P}_k^-\mathbf{H}_k^{\mathrm{T}} + \boldsymbol{\Sigma}_{\mathbf{ee}}\right]^{-1} \tag{5.24}$$

$$\hat{\mathbf{z}}_k^+ = \hat{\mathbf{z}}_k^- + \mathbf{K}_k\left[\hat{\mathbf{x}}_k - \mathbf{H}_k\hat{\mathbf{z}}_k^-\right] \tag{5.25}$$

$$\mathbf{P}_k^+ = \left[\mathbf{I} - \mathbf{K}_k\mathbf{H}_k\right]\mathbf{P}_k^-\left[\mathbf{I} - \mathbf{K}_k\mathbf{H}_k\right]^{\mathrm{T}} + \mathbf{K}_k\boldsymbol{\Sigma}_{\mathbf{ee}}\mathbf{K}_k^{\mathrm{T}} \tag{5.26}$$

$$= \left[\mathbf{I} - \mathbf{K}_k\mathbf{H}_k\right]\mathbf{P}_k^- \,. \tag{5.27}$$

Die beiden Ausdrücke (5.26) und (5.27) sind mathematisch äquivalent. Allerdings ist Gl. (5.26) — die so genannte *Joseph form* der Innovation [Maybeck 1982, S. 237] — numerisch stabiler und wird deshalb trotz ihres höheren Rechenaufwandes häufig angewendet.

5.2.2 EKF für Gauß-Helmert-Modelle

Mit Hilfe der im letzten Unterkapitel angegeben Formeln kann nun ein Erweitertes Kalman-Filter (EKF) für nichtlineare Gauß-Helmert-Modelle (s. Kap. 4) abgeleitet werden. Ursprünglich ist das EKF eine Weiterentwicklung des Kalman-Filters für nichtlineare Systeme (s. z. B. [Simon 2006; Krebs 1999; Jazwinski 1970]). Die Dynamik des zugrunde liegenden zeitdiskreten Systems wird dabei durch eine nichtlineare Funktion $\mathbf{f}$ beschrieben:

$$\mathbf{z}_k = \mathbf{f}\left(\mathbf{z}_{k-1}, \mathbf{u}_{k-1}, \mathbf{w}_{k-1}\right), \tag{5.28}$$

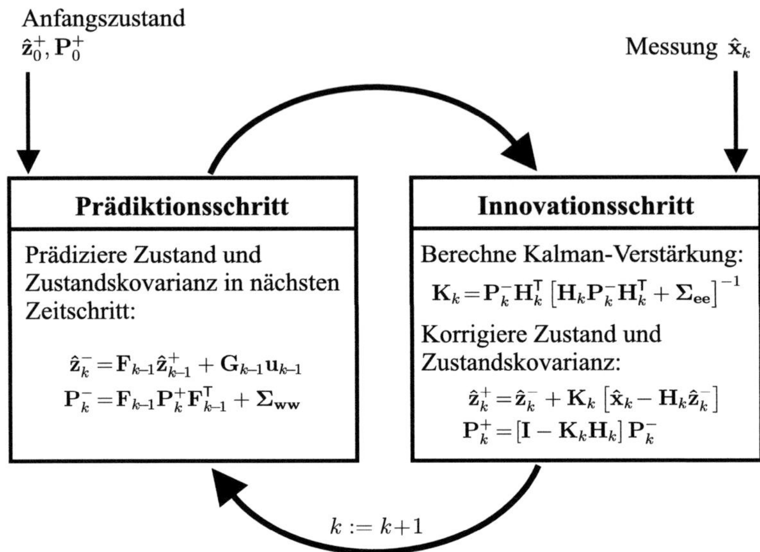

Bild 5.1: Prinzip des Kalman-Filters. Das Kalman-Filter besteht aus einem Prädiktionsschritt, in welchem der erwartete Zustand im nächsten Zeitschritt berechnet wird, und einem Innovationsschritt, in dem der prädizierte Zustand mit der aufgenommenen Messung korrigiert wird.

wobei $\mathbf{z}_k$ den Systemzustand, $\mathbf{u}_k$ eine bekannte Steuergröße und $\mathbf{w}_k$ Systemrauschen bezeichnen. Die Messgleichung besitzt die generelle Form

$$\hat{\mathbf{x}}_k = \varphi\left(\mathbf{z}_k, \mathbf{e}_k\right) . \tag{5.29}$$

und ist i. Allg. ebenfalls nichtlinear. Für den Messfehler $\mathbf{e}_k$ und das Systemrauschen $\mathbf{w}_k$ gelten wie im linearen Fall die Annahmen (5.19)–(5.21).

Das explizite Beobachtungsmodell nach Gl. (5.29) ist aber für die in Kap. 4 dargestellten Bedingungsgleichungen der Selbstkalibrierung nicht anwendbar. Vielmehr gilt hier das implizite Beobachtungsmodell

$$\hat{\mathbf{x}}_k = \mathbf{x}_k + \mathbf{e}_k \tag{5.30}$$

mit einer nichtlinearen Bedingungsgleichung der Form

$$\mathbf{h}\left(\mathbf{x}_k, \mathbf{z}_k\right) = \mathbf{0} . \tag{5.31}$$

Die Systemgleichung (5.28) sowie die getroffenen Annahmen über die Störungen $\mathbf{w}(k)$ und $\mathbf{e}(k)$ bleiben aber unverändert erhalten. Im Folgenden werden nun die

Prädiktions- und Innovationsgleichungen eines EKF für das System (5.28), (5.30), (5.31) angeben.

Prädiktionsschritt des EKF für Gauß-Helmert-Modelle. Die Prädiktion des EKF für Gauß-Helmert-Modelle ist unbeeinflusst vom verwendeten Beobachtungsmodell und deshalb mit der Prädiktion beim herkömmlichen EKF identisch. Entsprechend den Ausführungen in [Simon 2006] wird dazu zunächst die Systemgleichung linearisiert. Eine Taylorapproximation erster Ordnung der Funktion $\mathbf{f}$ um den bisher bekannten Systemzustand $\hat{\mathbf{z}}_{k-1}^+$ ergibt

$$\mathbf{z}_k = \mathbf{f}\left(\hat{\mathbf{z}}_{k-1}^+, \mathbf{u}_{k-1}, \mathbf{0}\right) + \mathbf{F}_\mathbf{z} \cdot \left(\mathbf{z}_{k-1} - \hat{\mathbf{z}}_{k-1}^+\right) + \mathbf{F}_\mathbf{w} \cdot \mathbf{w}_{k-1}\,, \tag{5.32}$$

wobei $\mathbf{F}_\mathbf{z}$ und $\mathbf{F}_\mathbf{w}$ die Jacobi-Matrizen (s. A.3) der Funktion $\mathbf{f}$ nach den Parametern $\mathbf{z}$ und $\mathbf{w}$ bezeichnen:

$$\mathbf{F}_\mathbf{z} := \left.\frac{\partial \mathbf{f}}{\partial \mathbf{z}}\right|_{\hat{\mathbf{z}}_{k-1}^+, \mathbf{u}_{k-1}, \mathbf{0}}\,, \quad \mathbf{F}_\mathbf{w} := \left.\frac{\partial \mathbf{f}}{\partial \mathbf{w}}\right|_{\hat{\mathbf{z}}_{k-1}^+, \mathbf{u}_{k-1}, \mathbf{0}}\,. \tag{5.33}$$

Gl. (5.32) kann weiter vereinfacht werden zu

$$\mathbf{z}_k = \mathbf{F}_\mathbf{z}\mathbf{z}_{k-1} + \tilde{\mathbf{u}}_{k-1} + \tilde{\mathbf{w}}_{k-1}\,. \tag{5.34}$$

Dabei repräsentiert $\tilde{\mathbf{u}}_{k-1}$ eine bekannte, virtuelle Stellgröße,

$$\tilde{\mathbf{u}}_{k-1} = \mathbf{f}\left(\hat{\mathbf{z}}_{k-1}^+, \mathbf{u}_{k-1}, \mathbf{0}\right) - \mathbf{F}_\mathbf{z}\hat{\mathbf{z}}_{k-1}^+\,, \tag{5.35}$$

und $\tilde{\mathbf{w}}_{k-1}$ Systemrauschen mit

$$\tilde{\mathbf{w}}_{k-1} \sim N\left(\mathbf{0}, \mathbf{F}_\mathbf{w}\,\Sigma_\mathbf{ww}\,\mathbf{F}_\mathbf{w}^\mathrm{T}\right)\,. \tag{5.36}$$

Mit Gl. (5.34), (5.35) und (5.36) wurde die nichtlineare Systemdynamik durch eine lineare Approximation ersetzt, welche der Standardform des Kalman-Filters entspricht. Analog zu Gln. (5.22) und (5.23) ergeben sich damit die Prädiktionsgleichungen des EKF:

$$\hat{\mathbf{z}}_k^- = \mathbf{f}\left(\hat{\mathbf{z}}_{k-1}^+, \mathbf{u}_{k-1}, \mathbf{0}\right) \tag{5.37}$$

$$\mathbf{P}_k^- = \mathbf{F}_\mathbf{z}\mathbf{P}_{k-1}^+\mathbf{F}_\mathbf{z}^\mathrm{T} + \mathbf{F}_\mathbf{w}\,\Sigma_\mathbf{ww}\,\mathbf{F}_\mathbf{w}^\mathrm{T}\,. \tag{5.38}$$

Innovationsschritt des EKF für Gauß-Helmert-Modelle. Für das implizite Beobachtungsmodell nach Gln. (5.30) und (5.31) ist ein herkömmliches EKF nicht direkt anwendbar. Allerdings wurde in Kap. 5.1 gezeigt, dass zu einem linearen Gauß-Helmert-Modell i. Allg. ein entsprechendes lineares Gauß-Markoff-Modell existiert, welches identische Schätzergebnisse im Sinne des besten linearen erwartungstreuen Schätzers, der Methode der kleinsten Quadrate und der Maximum-Likelihood-Schätzung liefert. Ein möglicher Lösungsansatz ist also, die Bedingungsgleichung (5.31) durch eine Taylorentwicklung erster Ordnung zu approximieren und damit ein lineares Gauß-Helmert-Modell nach Gln. (5.3) und (5.4) zu erhalten. Dies kann dann entsprechend der in Kap. 5.1 angegebenen Transformationsvorschrift in ein lineares Gauß-Markoff-Modell umgewandelt werden, für welches die Standardgleichungen des Kalman-Filters anwendbar sind.

Nehmen wir zunächst an, dass $\check{\mathbf{x}}_k$ und $\check{\mathbf{z}}_k$ die momentan vorhandenen besten Schätzwerte für die fehlerfreie Messung $\mathbf{x}_k$ und den fehlerfreien Systemzustand $\mathbf{z}_k$ bezeichnen. Zu Beginn eines Innovationsschrittes sind diese durch die tatsächlich erfasste Messung und den prädizierten Zustand gegeben,

$$\check{\mathbf{x}}_k = \hat{\mathbf{x}}_k\,, \quad \check{\mathbf{z}}_k = \hat{\mathbf{z}}_k^-\,. \tag{5.39}$$

Linearisiert man die Bedingungsgleichung (5.31) um den Arbeitspunkt $(\check{\mathbf{x}}_k, \check{\mathbf{z}}_k)$, so erhält man die Beziehung

$$\begin{aligned}
\mathbf{h}\left(\mathbf{x}_k, \mathbf{z}_k\right) &\approx \mathbf{h}\left(\check{\mathbf{x}}_k, \check{\mathbf{z}}_k\right) + \mathbf{H_z} \cdot \left(\mathbf{z}_k - \check{\mathbf{z}}_k\right) + \mathbf{H_x} \cdot \left(\mathbf{x}_k - \check{\mathbf{x}}_k\right) \\
&= \left[\mathbf{h}\left(\check{\mathbf{x}}_k, \check{\mathbf{z}}_k\right) - \mathbf{H_z}\check{\mathbf{z}}_k - \mathbf{H_x}\check{\mathbf{x}}_k\right] + \mathbf{H_z}\mathbf{z}_k + \mathbf{H_x}\mathbf{x}_k\,.
\end{aligned} \tag{5.40}$$

Analog zum Prädiktionsschritt bezeichnen auch hier

$$\mathbf{H_z} := \left.\frac{\partial \mathbf{h}}{\partial \mathbf{z}}\right|_{\check{\mathbf{x}}_k, \check{\mathbf{z}}_k}\,, \quad \mathbf{H_x} := \left.\frac{\partial \mathbf{h}}{\partial \mathbf{x}}\right|_{\check{\mathbf{x}}_k, \check{\mathbf{z}}_k} \tag{5.41}$$

die Ableitungen der nichtlinearen Funktion $\mathbf{h}$.

Durch Gl. (5.40) ist die Bedingungsgleichung eines lineares Gauß-Helmert-Modells gegeben. Diese kann mittels Gl. (5.16) in ein entsprechendes Gauß-Markoff-Modell transformiert werden, das identische Schätzergebnisse liefert. Man erhält das linearisierte Modell

$$\hat{\check{\mathbf{x}}}_k = \tilde{\mathbf{H}}_k \mathbf{z}_k + \tilde{\mathbf{e}}_k\,, \tag{5.42}$$

wobei

$$\hat{\check{\mathbf{x}}}_k = -\mathbf{h}\left(\check{\mathbf{x}}_k, \check{\mathbf{z}}_k\right) + \mathbf{H_z}\,\check{\mathbf{z}}_k - \mathbf{H_x} \cdot \left(\hat{\mathbf{x}}_k - \check{\mathbf{x}}_k\right)\,, \tag{5.43}$$

$$\tilde{\mathbf{H}}_k = \mathbf{H_z}\,, \tag{5.44}$$

$$\tilde{\mathbf{e}}_k \sim N\left(\mathbf{0}, \mathbf{H_x}\boldsymbol{\Sigma}_{\mathbf{ee}}\mathbf{H_x^T}\right)\,. \tag{5.45}$$

Für Gl. (5.42) ist die Innovationsvorschrift des Standard-Kalman-Filters aus Kap. 5.2.1 anwendbar. Entsprechend Gln. (5.24)–(5.26) ergibt sich:

$$\mathbf{K}_k = \mathbf{P}_k^- \mathbf{H}_{\mathbf{z}}^{\mathrm{T}} \left[\mathbf{H}_{\mathbf{z}} \mathbf{P}_k^- \mathbf{H}_{\mathbf{z}}^{\mathrm{T}} + \mathbf{H}_{\mathbf{x}} \mathbf{\Sigma}_{\mathbf{ee}} \mathbf{H}_{\mathbf{x}}^{\mathrm{T}} \right]^{-1} \tag{5.46}$$

$$\begin{aligned}
\hat{\mathbf{z}}_k^+ &= \hat{\mathbf{z}}_k^- + \mathbf{K}_k \left[\hat{\bar{\mathbf{x}}}_k - \mathbf{H}_{\mathbf{z}} \hat{\mathbf{z}}_k^- \right] \\
&= \hat{\mathbf{z}}_k^- - \mathbf{K}_k \left[\mathbf{h}\left(\hat{\mathbf{x}}_k, \hat{\mathbf{z}}_k^- \right) - \mathbf{H}_{\mathbf{z}} \hat{\mathbf{z}}_k^- + \mathbf{H}_{\mathbf{x}} \cdot (\hat{\mathbf{x}}_k - \hat{\mathbf{x}}_k) + \mathbf{H}_{\mathbf{z}} \hat{\mathbf{z}}_k^- \right] \\
&= \hat{\mathbf{z}}_k^- - \mathbf{K}_k \mathbf{h}\left(\hat{\mathbf{x}}_k, \hat{\mathbf{z}}_k^- \right)
\end{aligned} \tag{5.47}$$

$$\mathbf{P}_k^+ = \left[\mathbf{I} - \mathbf{K}_k \mathbf{H}_{\mathbf{z}} \right] \mathbf{P}_k^- . \tag{5.48}$$

Gln. (5.37)–(5.38) und (5.46)–(5.48) definieren das EKF für nichtlineare Gauß-Helmert-Modelle.

Es ist zu beachten, dass eine Parameterschätzung im linearen Gauß-Helmert-Modell nicht nur einen verbesserten Systemzustand sondern auch eine korrigierte Beobachtung liefert. Mit Hilfe von Gl. (5.14) und der *a posteriori* Schätzung $\hat{\mathbf{z}}_k^+$ aus Gl. (5.47) erhält man

$$\check{\mathbf{x}}_k^+ = \hat{\mathbf{x}}_k - \mathbf{\Sigma}_{\mathbf{ee}} \mathbf{H}_{\mathbf{x}}^{\mathrm{T}} \left[\mathbf{H}_{\mathbf{x}} \mathbf{\Sigma}_{\mathbf{ee}} \mathbf{H}_{\mathbf{x}}^{\mathrm{T}} \right]^{-1} \left[\mathbf{h}\left(\hat{\mathbf{x}}_k, \hat{\mathbf{z}}_k^+ \right) + \mathbf{H}_{\mathbf{z}} \left(\hat{\mathbf{z}}_k^+ - \hat{\mathbf{z}}_k^- \right) \right] . \tag{5.49}$$

5.2.3 IEKF für Gauß-Helmert-Modelle

Das Iterative Erweiterte Kalman-Filter[3] (IEKF) ist ein verbreiteter Ansatz, um den durch die Taylorapproximation des EKF entstehenden Fehler zu verringern. Bei diesem Verfahren wird versucht, durch wiederholte Linearisierung um einen verbesserten Arbeitspunkt eine genauere Schätzung des Zustandsvektors zu erhalten: So wird z. B. im Innovationsschritt des IEKF aus der Linearisierung um einen Arbeitspunkt $\check{\mathbf{z}}_{k,0} = \hat{\mathbf{z}}_k^-$ eine verbesserte Schätzung $\check{\mathbf{z}}_{k,1}$ des Zustandsvektors bestimmt. $\check{\mathbf{z}}_{k,1}$ wiederum kann als Ausgangspunkt für eine erneute Taylorapproximation dienen und führt damit zu einem verbesserten Schätzwert $\check{\mathbf{z}}_{k,2}$. Dieser Vorgang kann solange wiederholt werden, bis die Distanz zwischen zwei aufeinander folgenden Zustandsschätzungen unter eine vordefinierte Schwelle fällt. Häufig zeigt sich aber in der Praxis, dass der Großteil der erzielbaren Verbesserung bereits nach einer zusätzlichen Linearisierung erreicht wird [Krebs 1999]. In vielen Anwendungen ist es also ausreichend, nur eine oder zwei zusätzliche Iterationen durchzuführen.

Die zusätzlichen Linearisierungen des IEKF können sowohl in Bezug auf das Systemmodell als auch auf das Messmodell angewendet werden [Jazwinski 1970].

---

[3]Das IEKF wurde von [Denham u. Pines 1966] vorgestellt und analysiert, geht aber auf Arbeiten von J.V. Breakwell bei der Lockheed Missiles and Space Company zurück.

Da bei der kontinuierlichen Selbstkalibrierung die Nichtlinearität der Systemgleichung nur eine untergeordnete Rolle spielt (tatsächlich tritt eine nichtlineare Systemgleichung in dieser Arbeit nur bei der Kollinearitätsgleichung auf), ist an dieser Stelle eine Beschränkung auf die iterierte Linearisierung des Messmodells ausreichend. Diese wird im Folgenden für das nichtlineare Gauß-Helmert-Modell hergeleitet.

Zunächst wird angenommen, dass die Taylorentwicklung des Messmodells um den Arbeitspunkt

$$\check{\mathbf{x}}_{k,0} = \hat{\mathbf{x}}_k, \quad \check{\mathbf{z}}_{k,0} = \hat{\mathbf{z}}_k^+ \tag{5.50}$$

durchgeführt wird. Die Jacobi-Matrizen der Bedingungsgleichung (5.31) sind dann durch

$$\mathbf{H}_{\mathbf{z},l} := \left.\frac{\partial \mathbf{h}}{\partial \mathbf{z}}\right|_{\check{\mathbf{x}}_{k,l},\check{\mathbf{z}}_{k,l}}, \quad \mathbf{H}_{\mathbf{x},l} := \left.\frac{\partial \mathbf{h}}{\partial \mathbf{x}}\right|_{\check{\mathbf{x}}_{k,l},\check{\mathbf{z}}_{k,l}} \tag{5.51}$$

gegeben, wobei die Variable $l = 0 \ldots L$ die Anzahl der durchlaufenen Iterationen angibt. Analog zu Gl. (5.40) erhalten wir

$$\mathbf{h}(\mathbf{x}_k, \mathbf{z}_k) \approx \left[\mathbf{h}(\check{\mathbf{x}}_{k,l}, \check{\mathbf{z}}_{k,l}) - \mathbf{H}_{\mathbf{z},l}\check{\mathbf{z}}_{k,l} - \mathbf{H}_{\mathbf{x},l}\check{\mathbf{x}}_{k,l}\right] + \mathbf{H}_{\mathbf{z},l}\mathbf{z}_k + \mathbf{H}_{\mathbf{x},l}\mathbf{x}_k. \tag{5.52}$$

Damit ist ein lineares Gauß-Helmert-Modell gegeben, das gemäß der Transformationsvorschrift (5.16) in ein korrespondierendes Gauß-Markoff-Modell überführt werden kann. Insbesondere ergibt sich für die virtuelle Messgröße

$$\begin{aligned}
\hat{\tilde{\mathbf{x}}}_{k,l} &= -\mathbf{h}(\check{\mathbf{x}}_{k,l}, \check{\mathbf{z}}_{k,l}) + \mathbf{H}_{\mathbf{z},l}\check{\mathbf{z}}_{k,l} + \mathbf{H}_{\mathbf{x},l}\check{\mathbf{x}}_{k,l} - \mathbf{H}_{\mathbf{x},l}\hat{\mathbf{x}} \\
&= -\mathbf{h}(\check{\mathbf{x}}_{k,l}, \check{\mathbf{z}}_{k,i}) - \mathbf{H}_{\mathbf{x},l} \cdot (\hat{\mathbf{x}} - \check{\mathbf{x}}_{k,l}) + \mathbf{H}_{\mathbf{z},l}\check{\mathbf{z}}_{k,l}.
\end{aligned} \tag{5.53}$$

Wie im vorangehenden Kapitel können nun die Innovationsgleichungen des IEKF angegeben werden. Die resultierenden Gleichungen ähneln dem EKF. Lediglich bei der Berechnung des Residuums zwischen erfasster und erwarteter Messung ergibt sich eine etwas komplexere Form:

$$\mathbf{K}_{k,l} = \mathbf{P}_k^- \mathbf{H}_{\mathbf{z},l}^{\mathsf{T}} \left[\mathbf{H}_{\mathbf{z},l}\mathbf{P}_k^- \mathbf{H}_{\mathbf{z},l}^{\mathsf{T}} + \mathbf{H}_{\mathbf{x},l}\mathbf{\Sigma}_{\mathbf{ee}}\mathbf{H}_{\mathbf{x},l}^{\mathsf{T}}\right]^{-1} \tag{5.54}$$

$$\begin{aligned}
\check{\mathbf{z}}_{k,l+1} &= \hat{\mathbf{z}}_k^- + \mathbf{K}_{k,l}\left[\hat{\tilde{\mathbf{x}}}_{k,l} - \mathbf{H}_{\mathbf{z},l}\hat{\mathbf{z}}_k^-\right] \\
&= \hat{\mathbf{z}}_k^- - \mathbf{K}_{k,l}\left[\mathbf{h}(\check{\mathbf{x}}_{k,l}, \check{\mathbf{z}}_{k,l}) + \mathbf{H}_{\mathbf{x},l} \cdot (\hat{\mathbf{x}} - \check{\mathbf{x}}_{k,l}) - \mathbf{H}_{\mathbf{z},l}\check{\mathbf{z}}_{k,l} + \mathbf{H}_{\mathbf{z},l}\hat{\mathbf{z}}_k^-\right] \\
&= \hat{\mathbf{z}}_k^- - \mathbf{K}_{k,l}\left[\mathbf{h}(\check{\mathbf{x}}_{k,l}, \check{\mathbf{z}}_{k,l}) + \mathbf{H}_{\mathbf{x},l} \cdot (\hat{\mathbf{x}} - \check{\mathbf{x}}_{k,l}) + \mathbf{H}_{\mathbf{z},l} \cdot (\hat{\mathbf{z}}_k^- - \check{\mathbf{z}}_{k,l})\right]
\end{aligned} \tag{5.55}$$

Die Bestimmung der Kovarianzmatrix des geschätzten Zustandes $\check{z}_{k,l+1}$ erfolgt analog zu Gl. (5.48) und muss nur einmalig — nach der letzten Linearisierung — durchgeführt werden.

Wichtig für die Verbesserung des Arbeitspunktes der Taylorentwicklung ist außerdem die Berechnung der korrigierten Messung $\check{x}_{k,l+1}$. Für diese gilt nach Gl. (5.14):

$$\check{x}_{k,l+1} = \hat{x}_k - \Sigma_{\mathbf{ee}}\mathbf{H}_{\mathbf{x},l}^{\mathrm{T}} \left[\mathbf{H}_{\mathbf{x},l}\Sigma_{\mathbf{ee}}\mathbf{H}_{\mathbf{x},l}^{\mathrm{T}}\right]^{-1} \cdot$$
$$\left[\mathbf{h}\left(\check{x}_{k,l},\check{z}_{k,l}\right) + \mathbf{H}_{\mathbf{x},l}\cdot(\hat{x}-\check{x}_{k,l}) + \mathbf{H}_{\mathbf{z},l}\cdot(\check{z}_{k,l+1}-\check{z}_{k,l})\right] . \tag{5.56}$$

Mit den in diesem Unterkapitel angegebenen Gleichungen ist das IEKF für implizite Beobachtungsmodelle vollständig beschrieben. Tab. 5.1 beinhaltet eine kompakte Zusammenfassung der in Kap. 5.2.2 und 5.2.3 gewonnenen Ergebnisse.

Das vorgestellte IEKF für nichtlineare Gauß-Helmert-Modelle ist eng verwandt mit der im Bereich *computer vision* häufig eingesetzten Minimierung des *Sampson-Fehlers* [Sampson 1982]. Außerdem wurde in [Soatto u. a. 1996] ein EKF für implizite Messgleichungen vorgestellt, allerdings mit einer anderen Herleitung als der hier angeführten und ohne Bezug auf die exakte Lösung des linearen Gauß-Helmert-Modells mit der Methode von Lagrange. Beide Verfahren unterscheiden sich von dem in Tab. 5.1 dargestellten IEKF, da die verwendeten Bedingungsgleichungen nur um die erfasste Messung $\hat{x}_k$ linearisiert werden. Eine Korrektur der Messung nach Gl. (5.56) und anschließende erneute Linearisierung zur Verbesserung der Genauigkeit werden von beiden Varianten nicht vorgenommen.

5.2.4 Robuste Innovation

Ein wichtiger Aspekt der Parameterschätzung ist die *Robustheit*. Gerade bei der stereoskopischen Selbstkalibrierung treten häufig vereinzelte große Messfehler auf: Beispielsweise können periodische Muster im Bild große Fehler in den extrahierten Punktkorrespondenzen erzeugen. Eine weitere wichtige Fehlerquelle sind Verletzungen des zugrunde liegenden Systemmodells. Diese entstehen im Falle der Selbstkalibrierung vor allem dann, wenn unabhängig bewegte Objekte in einer Szene vorliegen. Ein einzelnes Dynamikmodell nach Gl. (4.21) ist dann nicht mehr ausreichend, um die Bewegung aller betrachteten Objektpunkte zu beschreiben.

Vereinzelte Fehler mit ausgeprägten Amplituden, die nach dem verwendeten stochastischen Fehlermodell nur äußerst selten bzw. nicht auftreten können, bezeichnen wir im Folgenden als *Ausreißer* (engl. *outlier*). Bei der Parameterschätzung be-

IEKF für nichtlineare Gauß-Helmert-Modelle.

Modell:

$$\mathbf{z}_k = \mathbf{f}\left(\mathbf{z}_{k-1}, \mathbf{u}_{k-1}, \mathbf{w}_{k-1}\right), \quad \mathbf{w}_k \sim N(\mathbf{0}, \boldsymbol{\Sigma}_{\mathbf{ww}}).$$

$$\hat{\mathbf{x}}_k = \mathbf{x}_k + \mathbf{e}_k, \quad \mathbf{h}\left(\mathbf{x}_k, \mathbf{e}_k\right) = \mathbf{0}, \quad \mathbf{e}_K \sim N(\mathbf{0}, \boldsymbol{\Sigma}_{\mathbf{ee}}).$$

$$E\{\mathbf{w}_i \mathbf{w}_j^{\mathsf{T}}\} = E\{\mathbf{e}_i \mathbf{e}_j^{\mathsf{T}}\} = \mathbf{0}, \ E\{\mathbf{e}_i \mathbf{w}_i^{\mathsf{T}}\} = \mathbf{0}, \ i,j \in \mathbb{N}, \ i \neq j.$$

1. Anfangszustand:

$$\hat{\mathbf{z}}_0^{+} = \mathbf{z}_0, \ \mathbf{P}_0^{+} = \mathbf{P}_0, \ k = 1.$$

2. Prädiktion:

$$\mathbf{F}_{\mathbf{z}} = \partial \mathbf{f}/\partial \mathbf{z}\,\big|_{\hat{\mathbf{z}}_{k-1}^{+}, \mathbf{u}_{k-1}, \mathbf{0}}, \quad \mathbf{F}_{\mathbf{w}} = \partial \mathbf{f}/\partial \mathbf{w}\,\big|_{\hat{\mathbf{z}}_{k-1}^{+}, \mathbf{u}_{k-1}, \mathbf{0}}.$$

$$\hat{\mathbf{z}}_k^{-} = \mathbf{f}\left(\hat{\mathbf{z}}_{k-1}^{+}, \mathbf{u}_{k-1}, \mathbf{0}\right).$$

$$\mathbf{P}_k^{-} = \mathbf{F}_{\mathbf{z}}\,\mathbf{P}_{k-1}^{+}\,\mathbf{F}_{k,\mathbf{z}}^{\mathsf{T}} + \mathbf{F}_{\mathbf{w}}\,\boldsymbol{\Sigma}_{\mathbf{ww}}\,\mathbf{F}_{k,\mathbf{w}}^{\mathsf{T}}.$$

3. Innovation:

$$\check{\mathbf{x}}_{k,0} = \hat{\mathbf{x}}_k, \ \check{\mathbf{z}}_{k,0} = \hat{\mathbf{z}}_k^{+}.$$

Für $l = 0 \ldots L-1$:

$$\mathbf{H}_{\mathbf{z},l} = \partial \mathbf{h}/\partial \mathbf{z}\,\big|_{\check{\mathbf{x}}_{k,l}, \check{\mathbf{z}}_{k,l}}, \quad \mathbf{H}_{\mathbf{x},l} = \partial \mathbf{h}/\partial \mathbf{x}\,\big|_{\check{\mathbf{x}}_{k,l}, \check{\mathbf{z}}_{k,l}}.$$

$$\mathbf{K}_{k,l} = \mathbf{P}_k^{-}\mathbf{H}_{\mathbf{z},l}^{\mathsf{T}}\left[\mathbf{H}_{\mathbf{z},l}\mathbf{P}_k^{-}\mathbf{H}_{\mathbf{z},l}^{\mathsf{T}} + \mathbf{H}_{\mathbf{x},l}\boldsymbol{\Sigma}_{\mathbf{ee}}\mathbf{H}_{\mathbf{x},l}^{\mathsf{T}}\right]^{-1}.$$

$$\mathbf{r}_{k,l} = \mathbf{h}\left(\check{\mathbf{x}}_{k,l}, \check{\mathbf{z}}_{k,l}\right) + \mathbf{H}_{\mathbf{x},l}\cdot\left(\hat{\mathbf{x}} - \check{\mathbf{x}}_{k,l}\right) + \mathbf{H}_{\mathbf{z},l}\cdot\left(\hat{\mathbf{z}}_k^{-} - \check{\mathbf{z}}_{k,l}\right).$$

$$\check{\mathbf{z}}_{k,l+1} = \hat{\mathbf{z}}_k^{-} - \mathbf{K}_{k,l}\mathbf{r}_{k,l}.$$

$$\check{\mathbf{x}}_{k,l+1} = \hat{\mathbf{x}}_k - \boldsymbol{\Sigma}_{\mathbf{ee}}\mathbf{H}_{\mathbf{x},l}^{\mathsf{T}}\left[\mathbf{H}_{\mathbf{x},l}\boldsymbol{\Sigma}_{\mathbf{ee}}\mathbf{H}_{\mathbf{x},l}^{\mathsf{T}}\right]^{-1}\mathbf{r}_{k,l}.$$

$$\hat{\mathbf{z}}_k^{+} = \check{\mathbf{z}}_{k,L}.$$

$$\mathbf{P}_k^{+} = \left[\mathbf{I} - \mathbf{K}_{k,L-1}\mathbf{H}_{\mathbf{z},L-1}\right]\mathbf{P}_k^{-}.$$

4. Setze $k := k+1$. Gehe zu Schritt 2.

Tabelle 5.1: Zusammenfassung des IEKF für nichtlineare Gauß-Helmert-Modelle.

dingen Ausreißer ein großes Residuum und haben deshalb im Sinne des Kleinsten-Quadrate-Fehlerkriteriums einen großen Einfluss auf das Schätzergebnis. Um diesem Problem entgegenzuwirken, wurden verschiedene *robuste Schätzverfahren* entwickelt.

Die beiden verbreitetsten Kategorien von robusten Schätzern sind *M-Estimatoren* und *random sampling* bzw. *Monte-Carlo-Verfahren*. M-Estimatoren [Huber 1981] bestimmen einen optimalen Parametervektor $\hat{\mathbf{z}}$, der für eine Menge von gegebenen Messungen $\hat{\mathbf{x}}^1, \ldots, \hat{\mathbf{x}}^N$ anstatt der Quadratsumme der Residuen die Summe

$$\sum_{i=1}^{N} \varrho\left(\hat{\mathbf{x}}^i, \mathbf{z}\right) \tag{5.57}$$

minimiert. Die konvexe Funktion ϱ — bzw. deren Ableitung, die sog. *Einflussfunktion* ψ — wird dabei so gewählt, dass der Einfluss jeder Messung nach oben beschränkt wird. In der Theorie haben dadurch auch Beobachtungen mit unendlich großem Residuum nur begrenzte Auswirkungen auf das Schätzergebnis (während sie beim herkömmlichen Kleinsten-Quadrate-Schätzer alle übrigen Messungen „überstimmen" würden). Unterschiedliche Einflussfunktionen finden sich beispielsweise in [Zhang 1997a]. M-Estimatoren werden als iterierte gewichtete Kleinste-Quadrate-Schätzer implementiert.

Eine Schwäche des M-Estimators ist, dass er im ersten Iterationsschritt eine Anfangsschätzung aus allen gegebenen Messwerten berechnet. Diese initiale Parameterbestimmung kann bei einem hohen Ausreißeranteil zu einem suboptimalen Ergebnis führen. Um diesem Problem entgegenzuwirken, werden bei Monte-Carlo-Verfahren zufällige, nicht notwendigerweise disjunkte Untermengen der vorhandenen Messdaten gebildet. Aus jeder dieser Untermengen wird anschließend ein optimaler Parametervektor bestimmt, wobei durch eine ausreichende Anzahl an zufälligen Untermengen mit hoher Wahrscheinlichkeit erreicht wird, dass zumindest ein gezogener Messdatensatz keinen Ausreißer enthält. Zur Identifikation des „besten" Datensatzes aus allen gezogenen Untermengen wurden in der Literatur unterschiedliche Kriterien vorgeschlagen: Gebräuchlich ist beispielsweise das RANSAC-Verfahren (*Random Sampling Consensus*, [Fischler u. Bolles 1981]) oder das LMedS-Verfahren (*Least Median of Squares*, [Rousseeuw 1987], s.u.). Abschließend werden bei *random sampling*-Verfahren detektierte Ausreißer aus den Messdaten entfernt und alle verbleibenden Beobachtungen für eine (gewichtete) kleinste Quadrate Schätzung verwendet. Vorteil der Monte-Carlo-Methoden gegenüber den M-Estimatoren ist, dass sie auch bei höheren Ausreißeranteilen noch gute Ergebnisse liefern können. Nachteilig ist der zumeist höhere Rechenaufwand.

Im Bereich der rekursiven Schätzverfahren wurde in [Dang u. a. 2002] ein robustes IEKF zur Verfolgung von Fahrzeugen in Stereobildfolgen vorgestellt. Ausreißer entstehen hier durch grobe Fehler in der Disparitäts- und 2D-Verschiebungsschätzung. Außerdem stellen Merkmalspunkte, die nicht zum verfolgten Fahrzeug gehören, eine Verletzung des zugrunde liegenden Modells dar und erzeugen damit systematische Abweichungen. Die robuste Bewegungsschätzung ist somit eng mit einer Objektsegmentierung verknüpft. Das vorgeschlagene robuste IEKF führt zunächst eine Innovation mit allen gegebenen Messungen durch und analysiert anschließend die resultierenden Residuen aller Teilmessungen. Der Ausgleichsfehler des Kalman-Filters ist näherungsweise durch eine bekannte χ^2-Wahscheinlichkeitsverteilung gegeben, sodass inkonsistente Messwerte über einen Signifikanztest detektiert und entfernt werden können. Schließlich wird basierend auf den verbleibenden validierten Messungen erneut ein Innovationsschritt durchgeführt. Eine wichtige Eigenschaft des vorgestellten Verfahrens ist, dass auch ältere Residuen eines verfolgten Objektpunktes bei der Detektion von Ausreißern mitberücksichtigt werden können und damit eine zuverlässigere Bestimmung von nicht zum Fahrzeug gehörenden Bildpunkten möglich ist. In jüngster Vergangenheit wurde in [Schön u. a. 2006] ein theoretisch fundiertes Verfahren zur Analyse der statistischen Eigenschaften einer Folge von Residuen auf Basis des CuSum-Algorithmus (*cumulative sum*) vorgestellt, dass wahrscheinlich ebenfalls zur Detektion von Ausreißern geeignet ist.

Ein weiteres robustes IEKF wurde in [Dang u. Hoffmann 2004] vorgestellt. Dieser Ansatz basiert auf einem LMedS-Algorithmus und hat gegenüber [Dang u. a. 2002] und [Schön u. a. 2006] den Vorteil, dass höhere Anteile von Ausreißern toleriert werden können. Dadurch lässt sich insbesondere während der Initialisierungsphase des Filters eine deutliche Leistungssteigerung erreichen. Grundlage für die Detektion von Ausreißern bei dem vorgeschlagenen Verfahren bildet ein Signifikanztest der Verteilung der Residuen, welcher zunächst erläutert werden soll.

Gegeben sei entsprechend dem Gauß-Helmert-Modell ein Vektor von Messungen $\hat{\mathbf{x}}_k = \mathbf{x}_k + \mathbf{e}_k$ und eine Bedingungsgleichung $\mathbf{h}(\mathbf{x}_k, \mathbf{z}_k) = \mathbf{0}$. Die verwendeten Bedingungsgleichungen sollen durch eine Kombination von verschiedenen Epipolarbedingungen (Kap. 4.2), trilinearen Bedingungen (Kap. 4.3) und Kollinearitätsgleichungen (Kap. 4.4) gegeben sein, welche jeweils mit $\mathbf{h}^i(\mathbf{x}_k^i, \mathbf{z}_k)$, $i = 1 \ldots N$, bezeichnet werden. Weiterhin wird angenommen, dass keine Bedingungsgleichung $\mathbf{h}^i$ die gleichen Punktkorrespondenzen verwendet, sodass alle $\hat{\mathbf{x}}_k^i = \mathbf{x}_k^i + \mathbf{e}_k^i$ disjunkten Mengen von Bildpunkten entsprechen. Außerdem seien alle Messfehler $\mathbf{e}_k^i$ normalverteilt mit $\mathrm{N}\left(\mathbf{0}, \mathbf{\Sigma}_{\mathbf{ee}}^i\right)$, und es gelte $\mathrm{E}\left\{\mathbf{e}_k^i \mathbf{e}_k^j\right\} = \mathbf{0} \ \forall i \neq j$. Damit erhält man:

$$\hat{\mathbf{x}}_k = \begin{bmatrix} \hat{\mathbf{x}}_k^1 \\ \vdots \\ \hat{\mathbf{x}}_k^N \end{bmatrix} = \mathbf{x}_k + \mathbf{e}_k = \begin{bmatrix} \mathbf{x}_k^1 \\ \vdots \\ \mathbf{x}_k^N \end{bmatrix} + \begin{bmatrix} \mathbf{e}_k^1 \\ \vdots \\ \mathbf{e}_k^N \end{bmatrix}, \tag{5.58}$$

$$\mathbf{h}(\mathbf{x}_k, \mathbf{z}_k) = \begin{bmatrix} \mathbf{h}^1(\mathbf{x}_k^1, \mathbf{z}_k) \\ \vdots \\ \mathbf{h}^N(\mathbf{x}_k^N, \mathbf{z}_k) \end{bmatrix} = \mathbf{0}. \tag{5.59}$$

Das Residuum des EKF für Gauß-Helmert-Modelle berechnet sich analog zu Gl. (5.47) gemäß

$$\mathbf{r}_k = \hat{\hat{\mathbf{x}}}_k - \mathbf{H_z}\hat{\mathbf{z}}_k = \mathbf{h}(\hat{\mathbf{x}}_k, \hat{\mathbf{z}}_k). \tag{5.60}$$

Für eine einzelne Bedingungsgleichung $\mathbf{h}^i$ gilt demnach

$$\mathbf{r}_k^i = \hat{\hat{\mathbf{x}}}_k^i - \mathbf{H_z}^i\hat{\mathbf{z}}_k = \mathbf{h}^i(\hat{\mathbf{x}}_k^i, \hat{\mathbf{z}}_k). \tag{5.61}$$

Liegt die Unsicherheit des geschätzten Zustandsvektors $\hat{\mathbf{z}}_k$ in Form der Kovarianzmatrix $\mathbf{P}_k$ vor, so lässt sich auch die Kovarianz $\mathbf{\Sigma}_{\mathbf{rr}}^i$ des Residuums $\mathbf{r}_k^i$ bestimmen. Sind die Messung und der geschätzte Zustandsvektor unkorreliert, so gilt: $\mathbf{\Sigma}_{\mathbf{rr}}^i = \mathbf{H_z}^i\mathbf{P}_k(\mathbf{H_z}^i)^\mathrm{T} + \mathbf{H_x}^i\mathbf{\Sigma}_{\mathbf{ee}}^i(\mathbf{H_x}^i)^\mathrm{T}$. Die Mahalanobisdistanz

$$\begin{aligned} \delta^i &= (\mathbf{r}_k^i)^\mathrm{T}(\mathbf{\Sigma}_{\mathbf{rr}}^i)^{-1}\mathbf{r}_k^i \\ &= \mathbf{h}^i(\hat{\mathbf{x}}_k^i, \hat{\mathbf{z}}_k)^\mathrm{T}\left[\mathbf{H_z}^i\mathbf{P}_k(\mathbf{H_z}^i)^\mathrm{T} + \mathbf{H_x}^i\mathbf{\Sigma}_{\mathbf{ee}}^i(\mathbf{H_x}^i)^\mathrm{T}\right]^{-1}\mathbf{h}^i(\hat{\mathbf{x}}_k^i, \hat{\mathbf{z}}_k) \end{aligned} \tag{5.62}$$

ist also χ^2-verteilt mit q_i-Freiheitsgraden, wobei q_i die Dimension des Vektors $\mathbf{h}^i$ bezeichnet.

Diese Aussage kann leicht mit einem Standard-χ^2-Test (z. B. [Kiencke u. Kronmüller 1995]) überprüft werden. Bei einem Signifikanzniveau α und einer entsprechenden Irrtumswahrscheinlichkeit $1 - \alpha$ wird angenommen, dass ein Ausreißer vorliegt, wenn gilt:

$$\delta^i > \delta_{\max}, \tag{5.63}$$

wobei $\delta_{\max}$ aus der Bedingung

$$\mathrm{P}\big(\chi_{q_i}^2 \leq \delta_{\max}\big) = \alpha \tag{5.64}$$

bestimmt wird ($\chi_{q_i}^2$ bezeichne eine χ^2-Verteilung mit q_i-Freiheitsgraden). Ist beispielsweise $q_i = 4$ und wird außerdem ein Signifikanzniveau von $\alpha = 1\%$ gewählt, so ergibt sich ein Schwellwert $\delta_{\max}^2 = 13.28$.

Zur Plausibilisierung des χ^2-Signifikanztests (5.62)–(5.64) wurden einige Annahmen getroffen, die in der Realität nur in grober Näherung erfüllt sind: Die Mahalanobisnorm des Residuenvektors kann eigentlich nur dann als χ^2-verteilt angenommen werden, wenn sich das Filter in einem *eingeschwungenen Zustand* befindet [Gelb 1994, S. 317ff]. Außerdem sind die erfassten Messungen $\hat{\mathbf{x}}_k$ und die momentan vorhandene beste Zustandsschätzung $\hat{\mathbf{z}}_k$ i. Allg. nicht unkorreliert.[4] Trotzdem belegen die im Rahmen dieser Arbeit durchgeführten Experimente, dass der χ^2-Test gut geeignet ist, um Ausreißer in den vorhandenen Daten zu identifizieren.

Mit Hilfe des Signifikanztests (5.63) kann eine robuste Innovation des IEKF realisiert werden. Tab. 5.2 fasst den in dieser Arbeit entworfenen Algorithmus auf Basis eines LMedS-Schätzers [Rousseeuw 1987] zusammen: Vor dem eigentlichen Innovationsschritt werden zunächst Untermengen $\mathcal{S}_j, j = 1 \ldots \Gamma$, aller gegebenen Bedingungsgleichungen zufällig ausgewählt. Für jede dieser Untermengen wird ein eigener Korrekturschritt nach Gln. (5.46)–(5.48) durchgeführt und eine entsprechende Zustandsschätzung $\hat{\mathbf{z}}_{k,j}, \mathbf{P}_{k,j}$ berechnet. Anschließend wird nach dem *least median of squares*-Kriterium die optimale Untermenge identifiziert, für welche der Median der normierten Residuenbeträge (5.62) aller gegebenen Bedingungsgleichungen minimal wird. Anhand der somit bestimmten besten Zustandsschätzung können nach Gl. (5.63) Ausreißer identifiziert und eliminiert werden. Abschließend wird mit den verbleibenden Bedingungsgleichungen der eigentliche Innovationsschritt des IEKF nach Tab. 5.1 durchgeführt.

Wichtige Designparameter bei einem *random sampling*-Verfahren sind die Anzahl Γ der gezogenen Untermengen $\mathcal{S}_j, j = 1 \ldots \Gamma$, und die Mächtigkeit γ der einzelnen Untermengen. Dabei ist die Anzahl der Elemente γ in den Untermengen ein Kompromiss zwischen der tolerierbaren Quote von Ausreißern und dem erwarteten Messrauschen gültiger Beobachtungen: Einerseits sollte γ möglichst klein sein, um die Wahrscheinlichkeit zu erhöhen, dass zumindest eine der gezogenen Untermengen möglichst keinen Ausreißer enthält. Andererseits sollte aber γ auch groß genug gewählt werden, um bei Eingangsdaten mit erwartetem Messrauschen eine zuverlässige Bestimmung des Zustandsvektors zu ermöglichen. In [Torr u. Murray 1997] werden Richtwerte für diese Parameter abgeleitet. In der vorliegenden Arbeit zeigte sich in praktischen Experimenten mit realen Bilddaten (Kap. 6), dass eine Wahl von $\Gamma = 20$ und einer Mächtigkeit $\gamma = 12$ gute Ergebnisse liefert (wobei aus Gründen der Beobachtbarkeit mindestens acht der gewählten Bedingungsgleichungen durch Kollinearitätsgleichungen oder trilineare Bedingungen gegeben sein müssen).

---

[4]Tatsächlich führt eine Korrelation zwischen $\hat{\mathbf{z}}_k$ und $\hat{\mathbf{x}}_k$ dazu, dass der Betrag des Residuenvektors als Realisierung einer χ^2-Verteilung mit weniger als q Freiheitsgraden betrachtet werden muss, wobei q die Dimension des Residuenvektors bezeichnet. Dies wird beispielsweise bei Modellgüte-Tests von kleinste Quadrate Schätzverfahren explizit berücksichtigt (z. B. [Niemeier 2002; Stiller 2006]).

Robustes IEKF durch random sampling im Innovationsschritt:

1. **Random sampling:** Aus der Menge der Begingungsgleichungen $\mathbf{h}_i$ werden Γ Untermengen $\mathcal{S}_j, j = 1 \ldots \Gamma$, mit jeweils γ Elementen zufällig gezogen.

2. **Innovation auf Untermengen:** Für jede Untermenge $\mathcal{S}_j$ wird gemäß Gln. (5.46)–(5.48) eine Innovation des EKF durchgeführt, welche ausschließlich auf den Elementen von $\mathcal{S}_j$ beruht. Ergebnisse dieser Berechnungen sind Γ mögliche Kandidaten der Zustandsvektoren $\hat{\mathbf{z}}_{k,j}$ sowie deren Kovarianzmatrizen $\mathbf{P}_{k,j}$.

3. **Berechnung der Mahalanobisdistanzen:** Für die möglichen Kandidaten $\hat{\mathbf{z}}_{k,j}$ werden die Mahalanobisdistanzen δ_j^i aller gegebenen Residuen gemäß Gl. (5.62) berechnet:

$$\delta_j^i = \mathbf{h}^i(\hat{\mathbf{x}}_k^i, \hat{\mathbf{z}}_{k,j})^{\mathrm{T}} \left[\mathbf{H}_{\mathbf{z}}^i \mathbf{P}_{k,j} (\mathbf{H}_{\mathbf{z}}^i)^{\mathrm{T}} + \mathbf{H}_{\mathbf{x}}^i \mathbf{\Sigma}_{\mathbf{ee}}^i (\mathbf{H}_{\mathbf{x}}^i)^{\mathrm{T}} \right]^{-1} \mathbf{h}^i(\hat{\mathbf{x}}_k^i, \hat{\mathbf{z}}_{k,j}).$$

4. **Bestimmung der besten Untermenge:** Die beste Untermenge ist durch denjenigen Index j^* gegeben, für den der Median aller entsprechenden Mahalanobisdistanzen $\delta_{j^*}^i$ minimal wird:

$$j^* = \operatorname*{argmin}_{j=1\ldots\Gamma} \left\{ \operatorname*{median}_{i=1\ldots N} \delta_j^i \right\}.$$

5. **Signifikanztest zur Eliminierung von Ausreißern:** Alle Bedingungsgleichungen $\mathbf{h}^i$ und deren Beobachtungen $\hat{\mathbf{x}}^i$, für welche die Bedingung

$$\delta_{j^*}^i \leq \delta_{\max}$$

nicht erfüllt ist, werden eliminiert. Der Schwellwert $\delta_{\max}$ wird dabei entsprechend Gl. (5.64) berechnet.

6. **Robuste Innovation:** Anhand der verbleibenden Messdaten wird die *a posteriori* Zustandsschätzung $\hat{\mathbf{z}}_k^+$ des IEKF und deren Kovarianzmatrix gemäß der Innovationsvorschrift aus Tab. 5.1 berechnet.

Tabelle 5.2: Robuste Innovation des IEKF für Gauß-Helmert-Modelle.

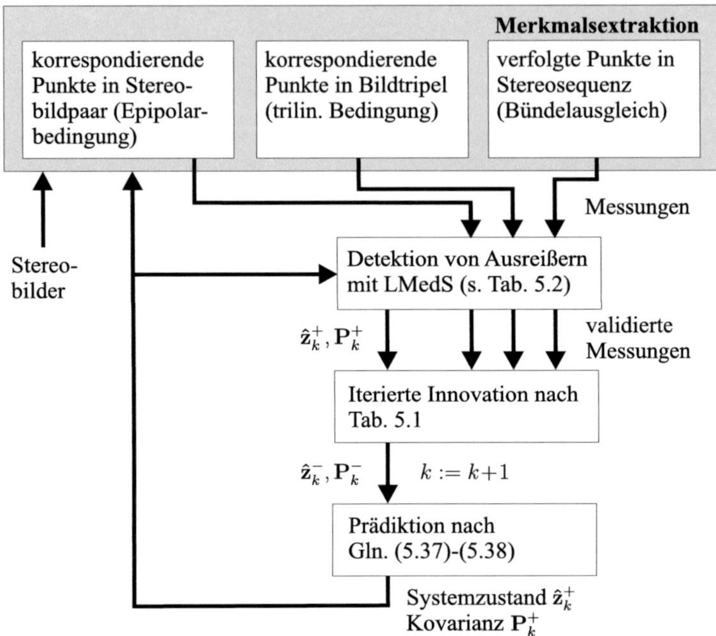

Bild 5.2: Gesamtstruktur der schritthaltenden stereoskopischen Selbstkalibrierung. Das robuste IEKF kombiniert die verschiedenen Bedingungsgleichungen aus Kap. 4.

5.2.5   Stereoskopische Selbstkalibrierung mit robustem IEKF

Das bisher beschriebene robuste IEKF für Gauß-Helmert-Modelle kann nun für die kontinuierliche Selbstkalibrierung von Stereokameras verwendet werden. Bild 5.2 zeigt die Gesamtstruktur des vorgeschlagenen Algorithmus. Es verbleibt lediglich, das allgemeine Beobachtungsmodell, den verwendeten Zustandsvektor sowie das Systemmodell anzugeben.

Wie schon in Kap. 5.2.4 angedeutet wurde, können die verschiedenen Kategorien von Bedingungsgleichungen für korrespondierende Bildpunkte elegant in einem robusten IEKF kombiniert werden. Dazu werden folgende Annahmen getroffen:

- Im aktuellen Zeitschritt k konnten $N_{B,k}$ Punkte eines starren Objekts (im Allgemeinen bestehend aus allen unbewegten Elementen einer Szene) verfolgt werden. Für diese gelten die Bedingungsgleichungen (4.44) des rekursiven Bündelausgleichs, welche im Folgenden mit der Funktion $\mathbf{h}_B$ bezeichnet werden:

$$\mathbf{h}_B(\mathbf{z}_k, \breve{\mathbf{x}}^i_{R,k}, \breve{\mathbf{x}}^i_{R,k}+\Delta\hat{\mathbf{x}}^i_{L,k}, \breve{\mathbf{x}}^i_{R,k}+\Delta\hat{\mathbf{x}}^i_{R,k}) = \mathbf{0}, \quad i \in \mathcal{S}_B := [1 \dots N_{B,k}].$$

(5.65)

$\mathbf{z}_k$ bezeichnet den noch zu definierenden Zustandsvektor. $\breve{\mathbf{x}}^i_{R,k} = \breve{\mathbf{x}}^i_{R,k-1} + \Delta\breve{\mathbf{x}}^i_{R,k-1}$ ist die mit Hilfe von Gl. (5.56) korrigierte Bildposition eines verfolgten Punktes im k-ten rechten Bild der Stereokamera. $\Delta\hat{\mathbf{x}}^i_{L,k}$ und $\Delta\hat{\mathbf{x}}^i_{R,k}$ geben die gemessenen Bildverschiebungen zwischen aktuellem rechten und linken Kamerabild bzw. aktuellem und nächstem rechten Kamerabild an.

- Weiter seien $N_{T,k}$ Tripel von korrespondierenden Bildpunkten für die trilinearen Bedingungen (4.36) durch die Funktion $\mathbf{h}_T$ mit

$$\mathbf{h}_T(\mathbf{z}_k, \hat{\mathbf{x}}^i_{R,k}, \hat{\mathbf{x}}^i_{R,k}+\Delta\hat{\mathbf{x}}^i_{L,k}, \hat{\mathbf{x}}^i_{R,k}+\Delta\hat{\mathbf{x}}^i_{R,k}) = \mathbf{0}, \quad i \in \mathcal{S}_T := [1 \dots N_{T,k}],$$

(5.66)

gegeben. Die Messungen $(\hat{\mathbf{x}}^i_{R,k}, \Delta\hat{\mathbf{x}}^i_{L,k}, \Delta\hat{\mathbf{x}}^i_{R,k})$ bezeichnen die Koordinaten eines extrahierten Merkmalspunktes im rechten Bild sowie die zugeordneten räumlichen und zeitlichen 2D-Verschiebungen.

- Außerdem seien $N_{E,k}$ korrespondierende Punktpaare in Stereobildern extrahiert worden. Für diese gelten die mit $\mathbf{h}_E$ abgekürzten Epipolarbedingungen (4.20)

$$\mathbf{h}_E(\mathbf{z}_k, \hat{\mathbf{x}}^i_{R,k}, \hat{\mathbf{x}}^i_{R,k}+\Delta\hat{\mathbf{x}}^i_{L,k}) = \mathbf{0}, \quad i \in \mathcal{S}_E := [1 \dots N_{E,k}]. \quad (5.67)$$

Der Messvektor $(\hat{\mathbf{x}}^i_{R,k}, \Delta\hat{\mathbf{x}}^i_{L,k})$ besteht hier allein aus räumlichen Merkmalskorrespondenzen.

Gln. (5.65)–(5.67) können durch „Aufeinanderstapeln" wie in Gln. (5.58)–(5.59) zu einem gemeinsamen Beobachtungsvektor und einer gemeinsamen Bedingungsgleichung zusammengefasst werden. Es ist aber zu bemerken, dass die Anzahl der verwendeten Bedingungsgleichungen im Verlauf der Messung nicht unbedingt konstant ist. Statt dessen sind die Größen $N_{B,k}, N_{T,k}$ und $N_{E,k}$ von der Anzahl der gefundenen Korrespondenzen im jeweiligen Zeitschritt abhängig.

Der zu bestimmende Zustandsvektor besteht aus $N_{B,k}+13$ Elementen und umfasst die intrinsischen und extrinsischen Kameraparameter des Stereosystems, die 3D-Bewegung des betrachteten Objekts sowie die Entfernung aller im Bündelausgleich verfolgten Objektpunkte:

$$\mathbf{z} = \left[\rho^1, \dots, \rho^{N_{B,k}}, \mathbf{z}_M^{\mathrm{T}}, \mathbf{z}_{\mathrm{extr}}^{\mathrm{T}}, \mathbf{z}_{\mathrm{intr}}^{\mathrm{T}}\right]^{\mathrm{T}}. \tag{5.68}$$

Die in dieser Arbeit berücksichtigten intrinsischen Kameraparameter beschränken sich auf die beiden Brennweiten $\mathbf{z}_{\mathrm{intr}} = [f_L, f_R]^{\mathrm{T}}$. Außerdem werden die mit $\mathbf{z}_{\mathrm{extr}}$ bezeichneten fünf Parameter der äußeren Orientierung bestimmt. Je nach Wahl des globalen Koordinatensystems gemäß Kap. 2.2 ist $\mathbf{z}_{\mathrm{extr}}$ durch

$$\mathbf{z}_{\mathrm{extr}} = [\omega_{C,X}, \omega_{C,Y}, \omega_{C,Z}, T_{C,Y}, T_{C,Z}]^{\mathrm{T}} \tag{5.69}$$

bzw.

$$\mathbf{z}_{\mathrm{extr}} = [\Psi_R, \Theta_R, \Psi_L, \Phi_L, \Theta_L]^{\mathrm{T}} \tag{5.70}$$

gegeben. Darüber hinaus stellt die jeweilige Datumsfestlegung aber keinen prinzipiellen Unterschied für die rekursive Selbstkalibrierung dar und muss deshalb nicht gesondert behandelt werden.

$\mathbf{z}_M$ beschreibt die relative Bewegung der betrachteten Objektpunkte relativ zur Stereokamera entsprechend dem einfachen Modell konstanter Geschwindigkeit (4.21). $\mathbf{z}_M$ umfasst also drei rotatorische und drei translatorische Freiheitsgrade:

$$\mathbf{z}_M = [\boldsymbol{\omega}_M, \mathbf{T}_M]^{\mathrm{T}} = [\omega_{M,X}, \omega_{M,Y}, \omega_{M,Z}, T_{M,X}, T_{M,Y}, T_{M,Z}]^{\mathrm{T}}. \tag{5.71}$$

Schließlich muss für jeden Objektpunkt, der im Rahmen eines rekursiven Bündelausgleichs (Kap. 4.4) verfolgt wird, eine Entfernung $\rho^i, i = 1 \ldots \mathrm{N}_{B,k}$, geschätzt werden.

Alle verwendeten Zustandsgrößen werden als zeitlich variabel betrachtet. Für die Objektbewegung und die Kameraparameter wird dabei folgendes einfache Modell angenommen:

$$\begin{bmatrix} \mathbf{z}_M \\ \mathbf{z}_{\mathrm{extr}} \\ \mathbf{z}_{\mathrm{intr}} \end{bmatrix}_k = \begin{bmatrix} \mathbf{z}_M \\ \mathbf{z}_{\mathrm{extr}} \\ \mathbf{z}_{\mathrm{intr}} \end{bmatrix}_{k-1} + \mathbf{G}_{k-1}\mathbf{u}_{k-1} + \mathbf{w}_{k-1}. \tag{5.72}$$

Man geht also davon aus, dass sich die Größen $\mathbf{z}_M$, $\mathbf{z}_{\mathrm{extr}}$ und $\mathbf{z}_{\mathrm{intr}}$ nur durch Stellsignale $\mathbf{u}_{k-1}$ oder durch das Systemrauschen $\mathbf{w}_{k-1}$ verändern können. Beispiele für Stellsignale sind z. B. Lenkwinkel, die bei einer Anwendung in Fahrzeugen Einfluss auf die Objektbewegung haben können, oder Motorstellgrößen bei einem aktiven Stereosystem, welche die Blickrichtungen der einzelnen Kameras verändern. In den Beispielen dieses Kapitels sei zunächst $\mathbf{G}_k = 0$. Eine Berücksichtigung von Steuersignalen (wie z. B. bei den Experimenten mit einer aktiven Kamera in Kap. 6) ist aber ohne weiteres möglich.

Die Entfernungen ρ^i gehorchen dem Bewegungsmodell (4.21). Es gilt

$$\rho_k^i = [0,0,1]\left[\mathbf{Rot}\left(\omega_{M,k-1}\right)\mathbf{X}_{k-1}^i + \mathbf{T}_{M,k-1}\right], \tag{5.73}$$

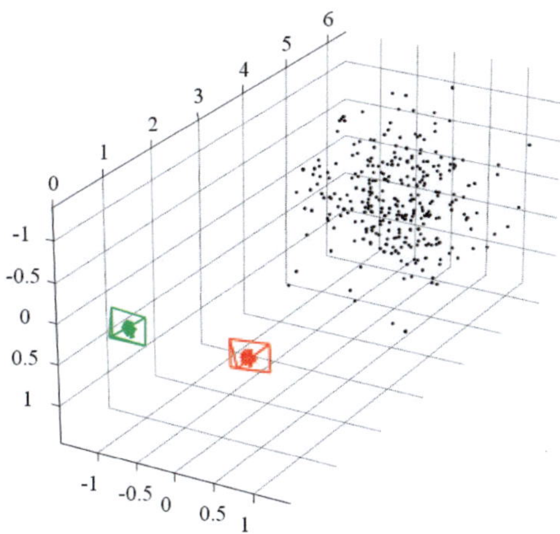

Bild 5.3: Beispiel synthetischer Daten zur Evaluierung der stereoskopischen Selbstkalibibrierung.

wobei die 3D-Position des betrachteten Objektpunktes mit Hilfe der inversen Projektionsgleichung (2.12) berechnet werden kann:

$$\mathbf{X}_{k-1}^{i} = \Pi^{-1}\left(\tilde{\mathbf{x}}_{R,k-1}^{i}, \rho_{k-1}^{i}\right) . \tag{5.74}$$

Damit sind alle notwendigen Modelle für die Implementierung einer kontinuierlichen Selbstkalibrierung von Stereokameras gegeben.

Um die Designparamter des robusten IEKF sinnvoll zu wählen und die Leistungsfähigkeit der rekursiven Selbstkalibrierung quantitativ zu bewerten, wurde der Algorithmus zunächst in einer Simulationsumgebung getestet. Dazu wurden synthetische Bilder einer 3D-Punktwolke generiert, die sich relativ zu den Stereokameras entsprechend einem vorgegebenen Dynamikmodell bewegt (Bild 5.3). Den berechneten Bildkoordinaten wurde mittelwertfreies Gauß'sches Rauschen additiv überlagert, um die Empfindlichkeit der Kamerakalibrierung gegenüber Fehlern in der Korrespondenzanalyse zu untersuchen. Außerdem können in der Simulation Ausreißer erzeugt werden, die große Korrespondenzfehler (in den angeführten Beispielen von 15 oder mehr Pixel) aufweisen.

Ein typisches Beispiel der stereoskopischen Selbstkalibrierung ist in Bild 5.4 gezeigt. Die simulierte Punktwolke bestand hier aus 40 Punkten. Die Bildkoordinaten wurden mit mittelwertfreien Gauß'schem Rauschen der Standardabweichung 0,4 Pixel additiv gestört. Ausreißer wurden in diesem Beispiel nicht generiert. Der initiale Zustandsvektor des IEKF wurde so gewählt, dass er um ca. zwei Grad von

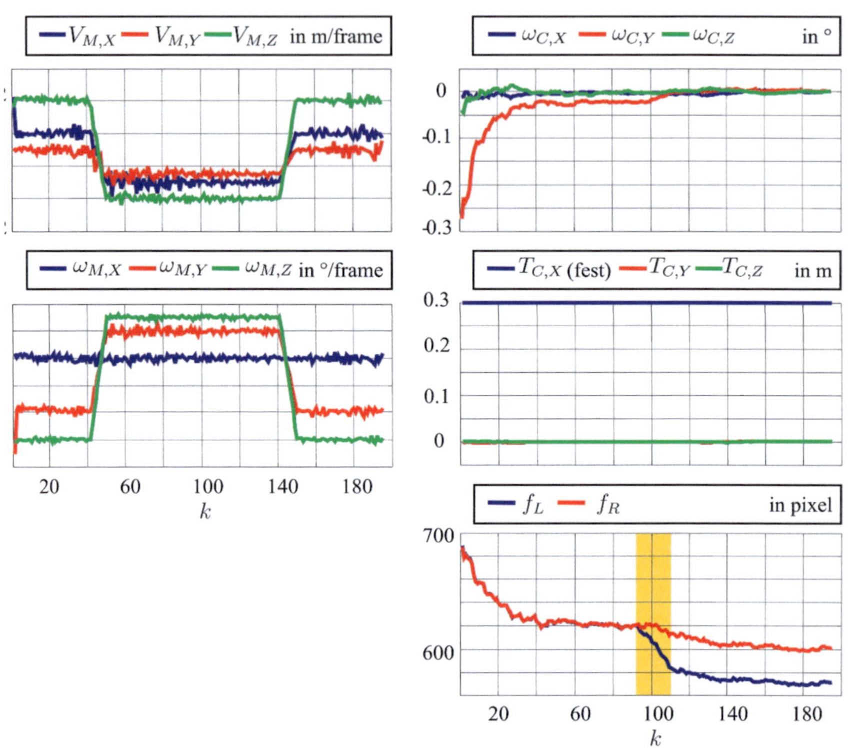

Bild 5.4: Beispiel des Verlaufs geschätzter Kameraparameter bei simulierten Eingangsdaten mit additivem Gauß'schen Rauschen.

der wahren Kameraorientierung und um 0,5cm von den wahren Translationskomponenten $T_{C,Y}$ und $T_{C,Z}$ abwich. Solche Toleranzgrenzen sind in der Produktion und Montage von Stereokameras ohne größere Schwierigkeiten einzuhalten. Außerdem betrug die Differenz zwischen den initial gewählten und wahren Brennweiten 100 Pixel. Im dargestellten Beispiel wurden ausschließlich Kollinearitätsbedingungen (Kap. 4.4) verwendet. Es zeigt sich, dass das Filter gegen die wahren Werte konvergiert. Außerdem wurde im gezeigten Beispiel aus Bild 5.4 eine Änderung der Brennweite simuliert: Dazu wurde zwischen dem 90. und 110. Stereobild der Sequenz die wahre Brennweite der linken Kamera schrittweise von 600 auf 570 Pixel reduziert. Diese Veränderung ist deutlich im Verlauf der geschätzten Brennweiten zu erkennen.

Zwar deuten die geschätzten Kameraparameter auf eine zuverlässige Selbstkalibrierung hin, für die Praxis ist aber weniger die Genauigkeit der einzelnen Parameter als vielmehr die erzielbare Präzision der Stereorekonstruktion ausschlaggebend. Aus diesem Grund wird mit dem von Hartley vorgeschlagenenen Triangulationsverfahren [Hartley u. Sturm 1997] aus den idealen Bildkoordinaten der Simulation und den bestimmten Kameraparametern eine Schätzung $\hat{\mathbf{X}}^i$ der 3D-Koordinaten aller betrachteten Objektpunkte $\mathbf{X}^i$ berechnet. Somit kann ein *relativer 3D-Rekonstruktionsfehler*

$$\epsilon_{\text{rel}}^i = \frac{\|\hat{\mathbf{X}}^i - \mathbf{X}^i\|}{\|\mathbf{X}^i\|} \tag{5.75}$$

berechnet werden. Der aus allen gegebenen Objektpunkten resultierende *mittlere relative 3D-Rekonstruktionsfehler* $\bar{\epsilon}_{\text{rel}}$ ist ein sinnvolles Maß zur Bewertung der Selbstkalibrierung.

Bild 5.5 zeigt die mittleren relativen Rekonstruktionsfehler für verschiedene Simulationsszenarien. Aus diesen Experimentreihen lassen sich folgende Ergebnisse ableiten:

- **Empfindlichkeit gegenüber Rauschen und Vergleich der Bedingungsgleichungen**: Bild 5.5a zeigt die mittleren relativen Rekonstruktionsfehler aus 50 Simulationsdurchläufen für verschiedene Rauschamplituden von $\sigma = 0$ bis $\sigma = 1$ Pixel. Die generierten Punktwolken bestanden aus 40 Punkten, die Sequenzen umfassten 50 Stereobilder. Es wurden drei Versionen der rekursiven Selbstkalibrierung untersucht, welche entweder (1) ausschließlich Epipolarbedingungen, (2) ausschließlich trilineare Bedingungen oder (3) ausschließlich Kollinearitätsgleichungen im impliziten Beobachtungsmodell verwenden. Der Bündelausgleich mit reduziertem Zustandsvektor nach Kap. 4.4 erfordert zwar den höchsten Rechenaufwand, liefert aber mit Abstand die besten Rekonstruktionsergebnisse. Auch bei Messrauschen mit einer Standardabweichung von einem Pixel liegt der mittlere relative Rekonstruktionsfehler noch immer unter drei Prozent. Verglichen mit der Epipolarbedingung zwischen zwei Kamerabildern ermöglicht der Bündelausgleich einen um ca. eine Größenordnung geringeren Rekonstruktionsfehler. Dennoch hat die Epipolarbedingung wie schon in Kap. 4.5 angegeben in der Praxis auch Vorteile: Da keine starre Bewegung der beobachteten Objektpunkte vorausgesetzt werden muss, ist die Epipolarbedingung nach Kap. 4.2 unempfindlich gegenüber unabhängigen Objekten in der Szene. Aus diesem Grund wird bei den Experimenten mit realen Bilddaten in Kap. 6.2 ein implizites Beobachtungsmodell verwendet, dass sowohl Kollinearitäts- als auch Epipolarbedingungen beinhaltet. Dadurch kann ein stabileres Verhalten des IEKF erreicht werden.

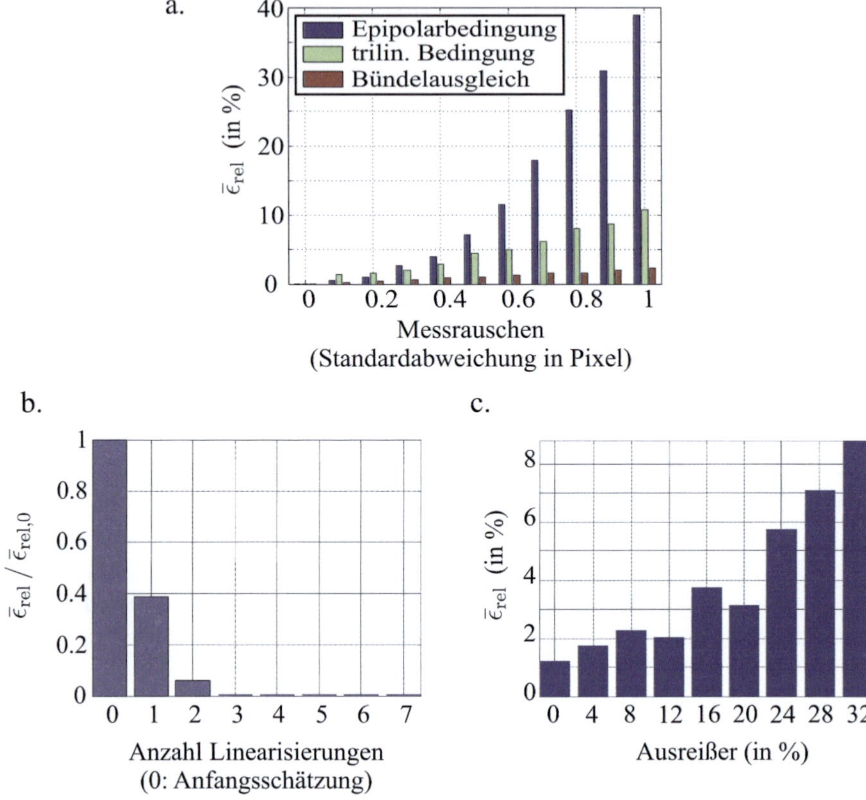

Bild 5.5: Ergebnisse der stereoskopischen Selbstkalibrierung bei simulierten Eingangsdaten: a. Genauigkeit der 3D-Rekonstruktion bei verschiedenen Rauschamplituden. b. Leistungssteigerung durch wiederholte Linearisierungen im IEKF. c. Empfindlichkeit der Selbstkalibrierung gegenüber Ausreißern.

- **Leistungssteigerung durch wiederholte Linearisierungen**: Bild 5.5b zeigt die Auswirkungen der wiederholten Linearisierungen im Innovationsschritt des IEKF. Die dargestellten Ergebnisse wurden aus 50 Simulationen gemittelt. Die Grafik gibt die mittleren Rekonstruktionsfehler nach l Iterationen bezogen auf $\bar{\epsilon}_{\mathrm{rel},0}$ an, wobei $\bar{\epsilon}_{\mathrm{rel},0}$ den auf der Anfangsschätzung basierenden initialen Rekonstruktionsfehler bezeichnet. Es wird deutlich, dass bereits eine zusätzliche Linearisierung ($l=2$) eine signifikante Reduzierung des Fehlers um ca. 80% bewirken kann. Ab dem dritten Iterationsschritt wird keine nennenswerte Verbesserung mehr erreicht, sodass in dieser Arbeit ein IEKF mit zwei zusätzlichen Linearisierungen im Innovationsschritt verwendet wird.

- **Robustheit gegenüber Ausreißern**: Der Verlauf des mittleren relativen Rekonstruktionsfehlers bei verschiedenen Anteilen von Ausreißern wird in Bild 5.5c dargestellt. Wiederum wurden Sequenzen mit 50 Stereobildern und 40 Objektpunkten verwendet. Für die verschiedenen Ausreißeranteile wurden jeweils 30 unabhängige Simulationen berechnet. Der Messfehler eines einzelnen Ausreißers betrug 15 Pixel, *inlier* wurden mit additivem Gauß'schen Rauschen der Standardabweichung 0,5 Pixel behaftet. Das vorgestellte IEKF liefert auch bei einem Ausreißeranteil von 32% noch einen mittleren Rekonstruktionsfehler von unter 10% und zeigt damit sehr gute Ergebnisse. Würde keine robuste Innovation verwendet, läge der mittlere Rekonstruktionsfehler in der Simulation bereits bei 4% Ausreißern über 15%. Ab einem Ausreißeranteil von 12% wäre keine sinnvolle Rekonstruktion mehr möglich.

5.3 Stochastische Analyse der Beobachtbarkeit

Ein wichtiger Aspekt der Selbstkalibrierung sind *kritische Bewegungen* (engl. *critical motions*, [Sturm 2002; Pollefeys u. Gool 2000; Sturm 1997; Kahl u. a. 2000]): Allgemein können verschiedene kritische Bewegungssequenzen oder bestimmte Konfigurationen von Merkmalspunkten angegeben werden, für welche die gegebenen Beobachtungen durch eine Mannigfaltigkeit von Kameraparametern erklärt werden können. Ohne weitere Information ist das Problem der Selbstkalibrierung dann nicht mehr eindeutig lösbar. Eine detaillierte Einteilung von kritischen Bewegungen für verschiedene Arten der Selbstkalibrierung ist in [Sturm 2002] zu finden.

Allerdings ist die Übertragung des Wissens um kritische Bewegungen in die Praxis nicht unproblematisch. Zum einen existiert keine quantitative Aussage darüber, inwieweit eine gegebene Bewegungssequenz kritisch ist (bzw. „wie weit" eine gegebene Bewegung von einer kritischen Bewegung entfernt ist). Zum anderen wird das Problem der Mehrdeutigkeit durch eine Beschränkung auf eine geringere Zahl von Kameraparametern (z. B. Vernachlässigung der Bestimmung des Bildhauptpunkts) und die Verwendung von zusätzlichen Zwangsbedingungen wie z. B. Bewegungsmodellen abgeschwächt. Schließlich wird bei der Bewertung von kritischen Bewegungen der Einfluss von Messfehlern auf die Selbstkalibrierung nicht beachtet. Insbesondere wird nicht untersucht, wie empfindlich die Selbstkalibrierung gegenüber verschiedenen Störungen in unterschiedlichen Bildpositionen reagiert.

In der Regelungstechnik ist für die Parameteridentifikation das Konzept der *Beobachtbarkeit* von fundamentaler Bedeutung (z. B. [Kalman 1960b; Maybeck 1982; Föllinger 1994]). Beispielsweise wird ein zeitdiskretes System als *vollständig beobachtbar* bezeichnet, wenn man bei bekannten Stellgrößen $\mathbf{u}_k$ und gegebenen Messungen $\hat{\mathbf{x}}_k$ des Ausgangs in endlich vielen Zeitpunkten den Anfangszustand $\mathbf{z}_0$ des Systems eindeutig bestimmen kann. Die Beobachtbarkeit ist in erster Linie eine Eigenschaft der Zustandsraumdarstellung eines Systems. Es kann also durchaus vorkommen, dass zwei gültige Beschreibungsformen des gleichen Systems unterschiedliche Eignung für eine Parameteridentifikation aufweisen.

Allerdings liefern die in der Regelungstechnik gängigen Kriterien zur Überprüfung der Beobachtbarkeit nur eine binäre Aussage über die Beobachtbarkeit des Zustandsvektors oder seiner Komponenten. Für die praktische Anwendung ist aber vielmehr ein quantitatives Maß der Beobachtbarkeit wünschenswert. Beispielsweise könnte so untersucht werden, welcher Grad von Beobachtbarkeit einzelner Zustandskomponenten bei bestimmten Eingangsdaten vorliegt bzw. welche Korrelationen zwischen den einzelnen Parametern auftreten.[5]

Ein in der Praxis nützlicher Ansatz zur quantitativen Bewertung der Beobachtbarkeit wird in [Ham u. Brown 1983] vorgestellt. Die Beobachtbarkeit von Linearkombinationen einzelner Zustandskomponenten wird hier lokal analysiert, indem die Eigenschaften der Kovarianzmatrix des Zustandsvektors betrachtet werden. Das vorgeschlagene Verfahren ist hervorragend für die Verwendung in einem Kalman-Filter geeignet. Es stellt ein Hilfsmittel für das Filterdesign dar und erlaubt die Untersuchung verschiedener Parametrisierungen des Systems sowie den Vergleich verschiedener Bewegungssequenzen und Bedingungsgleichungen. Ham bezeichnet dieses Verfahren als *stochastic approach to determine the degree of observability*. Wir werden im Folgenden der Einfachheit halber die Bezeichnung *stochastische Beobachtbarkeitsanalyse* verwenden. Dieser Ansatz soll nun genauer beschrieben und erweitert werden.

5.3.1 Hauptkomponentenanalyse der Zustandskovarianzmatrix

Um die verbleibende Unsicherheit bei einer rekursiven Zustandsschätzung genauer zu untersuchen, definieren wir den Schätzfehler $\mathbf{e}_{\mathbf{z},k} = \mathbf{z}_k - \hat{\mathbf{z}}_k$ als Differenz

---

[5]Die Nützlichkeit einer numerischen Quantifizierung der Beobachtbarkeit und Steuerbarkeit wurde auch schon in Kalmans wegweisendem Artikel [Kalman 1960b] erkannt. Ein entsprechendes Maß wurde dort aber noch nicht entwickelt.

zwischen wahrem und geschätztem *a posteriori* Zustandsvektor (auf die exakte Notation des *a posteriori* Zustandes wird in diesem Unterkapitel aus Gründen der Lesbarkeit verzichtet). Sind die Anforderungen (5.19)–(5.21) erfüllt, so ist das Kalman-Filter erwartungstreu, $\mathrm{E}\{\mathbf{e}_{\mathbf{z},k}\} = \mathbf{0}$, und die *a posteriori* Kovarianzmatrix $\mathbf{P}_k = \mathrm{Cov}\{\mathbf{e}_{\mathbf{z},k}\} = \mathrm{Cov}\{\hat{\mathbf{z}}_k\}$ des Systemzustandes nach Gl. (5.48) bekannt.

Betrachtet werde nun eine beliebige Linearkombination w der einzelnen Komponenten des Zustandsfehlers $\mathbf{e}_{\mathbf{z},k}$,

$$w = \sum_{m=1}^{q} v_m e_{\mathbf{z},k,m} = \mathbf{v}^{\mathrm{T}} \mathbf{e}_{\mathbf{z},k} \,, \tag{5.76}$$

wobei $\mathbf{v} = [v_1 \ldots v_q]^{\mathrm{T}}$ den Vektor der Gewichtungskoeffizienten und q die Dimension des Zustandsvektors bezeichnet. Es ist leicht zu zeigen, dass die Varianz dieser Linearkombination durch

$$\sigma_W^2 = \sum_{m=1}^{q} \sum_{n=1}^{q} v_m v_n P_{k,mn} = \mathbf{v}^{\mathrm{T}} \mathbf{P}_k \mathbf{v} \,. \tag{5.77}$$

gegeben ist. Anschaulich kann die Varianz von w als Unsicherheit der Zustandsschätzung in Richtung $\mathbf{v}$ interpretiert werden (w entspricht einer Projektion des Zustandsfehlers auf den Vektor $\mathbf{v}$. Daraus folgt, dass σ_W^2 die Varianz des Systemzustands entlang der Richtung $\mathbf{v}$ angibt).

Unter Berücksichtigung dieser Interpretation lassen sich diejenigen Richtungen $\mathbf{v}$ ermitteln, für welche die Unsicherheit der Zustandsschätzung extremal wird. Dies bedeutet, dass die Maxima und Minima von σ_W^2 unter der Nebenbedingung $\mathbf{v}^{\mathrm{T}}\mathbf{v} = 1$ bestimmt werden müssen. Ein solches Optimierungsproblem wird nach der Methode von Lagrange gelöst, bei der die Extremstellen einer Lagrange'schen Kostenfunktion

$$\mathbf{v}^{\mathrm{T}} \mathbf{P}_k \mathbf{v}^{\mathrm{T}} + \lambda \left(1 - \mathbf{v}^{\mathrm{T}} \mathbf{v}\right) = 0 \,. \tag{5.78}$$

berechnet werden müssen. Gl. (5.78) führt auf ein Eigenwertproblem, d. h. die gesuchten $\mathbf{v}$ müssen die Bedingung

$$\left(\mathbf{P}_k - \lambda \mathbf{I}\right) \mathbf{v} = 0 \tag{5.79}$$

erfüllen und sind damit durch die Eigenvektoren der Kovarianzmatrix $\mathbf{P}_k$ gegeben. Multiplizieren wir außerdem Gl. (5.79) von links mit $\mathbf{v}^{\mathrm{T}}$

$$\mathbf{v}^{\mathrm{T}} \left(\mathbf{P}_k - \lambda \mathbf{I}\right) \mathbf{v} = \mathbf{v}^{\mathrm{T}} \mathbf{P}_k \mathbf{v} - \lambda \mathbf{v}^{\mathrm{T}} \mathbf{v} = 0 \,, \tag{5.80}$$

und berücksichtigen gleichzeitig, dass $\mathbf{v}^{\mathrm{T}}\mathbf{P}_k\mathbf{v} = \sigma_W^2$ und $\mathbf{v}^{\mathrm{T}}\mathbf{v} = 1$ gelten soll, so ergibt sich die einfache Beziehung

$$\sigma_W^2 = \lambda\,. \tag{5.81}$$

Die Unsicherheit des Zustandsfehlers in Richtung eines Eigenvektors $\mathbf{v}$ ist also durch den zugehörigen Eigenwert λ gegeben.

Zusammenfassend zeigen also die Ergebnisse (5.79) und (5.81), dass der Eigenvektor $\mathbf{v}_{\mathrm{min}}$ zum kleinsten Eigenwert λ_{min} der Kovarianzmatrix $\mathbf{P}_k$ die Richtung der geringsten Unsicherheit im Raum des Zustandsfehlers angibt. In der von [Ham u. Brown 1983] verwendeten Begrifflichkeit entspricht also $\mathbf{v}_{\mathrm{min}}$ der Richtung im Zustandsraum, welche aus den gegebenen Messdaten am besten beobachtbar ist. Analog gibt der Eigenvektor $\mathbf{v}_{\mathrm{max}}$ zum größten Eigenwert λ_{max} von $\mathbf{P}_k$ die Richtung an, in welcher der Informationsgewinn aus den verwendeten Messdaten minimal ist.

Um aussagekräftige Ergebnisse zu erhalten ist es notwendig, die *a posteriori* Kovarianzmatrix $\mathbf{P}_k$ geeignet zu normalisieren. Im Allgemeinen hat $\mathbf{P}_k$ folgende Struktur:

$$\mathbf{P}_k = \begin{bmatrix} \sigma_{k,1}^2 & \rho_{k,12}\sigma_{k,1}\sigma_{k,2} & \cdots \\ \rho_{k,12}\sigma_{k,1}\sigma_{k,2} & \sigma_{k,2}^2 & \cdots \\ \vdots & \vdots & \ddots \\ & & & \sigma_{k,q}^2 \end{bmatrix}, \tag{5.82}$$

wobei $\sigma_{k,m}$ die Standardabweichung der m-ten Zustandskomponente und $\rho_{k,mn}$ den Korrelationskoeffizienten zwischen dem m-ten und n-ten Element des Zustandsvektors angibt. Eine sinnvolle Normalisierung sollte $\mathbf{P}_k$ dimensionslos machen und die Unsicherheit $\sigma_{k,m}^2$ auf eine entsprechende initiale Unsicherheit $\sigma_{0,m}^2$ beziehen. [Ham u. Brown 1983] schlagen deshalb folgende Normalisierung vor:

$$\tilde{\mathbf{P}}_k = \begin{bmatrix} \dfrac{\sigma_{k,1}^2}{\sigma_{0,1}^2} & \rho_{k,12}\dfrac{\sigma_{k,1}\sigma_{k,2}}{\sigma_{0,1}\sigma_{0,2}} & \cdots \\ \rho_{k,12}\dfrac{\sigma_{k,1}\sigma_{k,2}}{\sigma_{0,1}\sigma_{0,2}} & \dfrac{\sigma_{k,2}^2}{\sigma_{0,2}^2} & \cdots \\ \vdots & \vdots & \ddots \\ & & & \dfrac{\sigma_{k,q}^2}{\sigma_{0,q}^2} \end{bmatrix}$$

$$= \mathrm{diag}\left(1/\sigma_{0,1}, \ldots, 1/\sigma_{0,q}\right)\,\mathbf{P}_k\,\mathrm{diag}\left(1/\sigma_{0,1}, \ldots, 1/\sigma_{0,q}\right). \tag{5.83}$$

Die Konstanten $\sigma_{0,m}^2$ bezeichnen dabei die Diagonalelemente der initialen Kovarianzmatrix $\mathbf{P}_0$ des Kalman-Filters. In der Normierung nach Gl. (5.83) bleiben die Korrelationskoeffizienten $\rho_{0,mn}$ von $\mathbf{P}_0$ unberücksichtigt. Sollen diese in die Analyse einbezogen werden, muss das Verfahren nach Ham leicht modifiziert werden. Es bietet sich an, eine lineare Transformation des Zustandsvektors einzuführen, welche die initiale Kovarianzmatrix $\mathbf{P}_0$ in eine Einheitsmatrix überführt. Dies kann über eine *whitening transformation* (s. z. B. [Fukunaga 1990, S. 28ff]) erreicht werden: Dazu wird $\mathbf{P}_0$ zunächst mit Hilfe einer Eigenwertzerlegung in

$$\mathbf{P}_0 = \mathbf{S}\mathbf{D}\mathbf{S}^{\mathrm{T}} \tag{5.84}$$

aufgespalten, wobei $\mathbf{S}$ eine orthonormale Matrix aus den Eigenvektoren von $\mathbf{P}_0$ bezeichnet. $\mathbf{D} = \mathrm{diag}(\lambda_1,\ldots,\lambda_q)$ ist eine diagonale Matrix aus den entsprechenden Eigenwerten. Die gesuchte lineare Transformation ist dann durch

$$\tilde{\mathbf{z}}_k = \mathbf{D}^{-1/2}\mathbf{S}^{\mathrm{T}}\mathbf{z}_k = \boldsymbol{\Lambda}\mathbf{z}_k \tag{5.85}$$

bzw.

$$\tilde{\mathbf{P}}_k = \left[\mathbf{D}^{-1/2}\mathbf{S}^{\mathrm{T}}\right]\mathbf{P}_k\left[\mathbf{D}^{-1/2}\mathbf{S}^{\mathrm{T}}\right]^{\mathrm{T}} = \boldsymbol{\Lambda}\mathbf{P}_k\boldsymbol{\Lambda}^{\mathrm{T}} \tag{5.86}$$

mit $\mathbf{D}^{-\frac{1}{2}} = \mathrm{diag}(\lambda_1^{-1/2},\ldots,\lambda_q^{-1/2})$ gegeben. Es lässt sich leicht zeigen, dass aufgrund der Orthonormalität von $\mathbf{S}$ durch diese Transformation eine Dekorrelation und gleichmäßige Gewichtung der einzelnen Zustandsfehler erreicht wird, d. h. $\mathrm{E}\{(\boldsymbol{\Lambda}\mathbf{z}_0)(\boldsymbol{\Lambda}\mathbf{z}_0)^{\mathrm{T}}\} = \boldsymbol{\Lambda}\mathbf{P}_0\boldsymbol{\Lambda}^{\mathrm{T}} = \mathbf{I}$. Mit den Normalisierungen (5.83) bzw. (5.86) und den Gln. (5.79) und (5.81) kann eine sinnvolle stochastische Beobachtbarkeitsanalyse durchgeführt werden.

5.3.2 Anwendungsbeispiele der stochastischen Beobachtbarkeitsanalyse

Die im vorangehenden Unterkapitel beschriebene stochastische Beobachtbarkeitsanalyse eignet sich besonders zur experimentellen Untersuchung der Selbstkalibrierung in Bezug auf

- verschiedene Bewegungssequenzen und relative Anordnungen von Objektpunkten im Raum,

- unterschiedliche Parametrisierungen des Zustandsvektors sowie

- die Verwendung verschiedener Messgleichungen.

Im Rahmen dieser Arbeit wurden unterschiedliche Auswertungen durchgeführt, von denen an dieser Stelle exemplarisch zwei Beispiele detailliert vorgestellt werden.

Im ersten Beispiel werden zwei Kategorien von Bewegungssequenzen miteinander verglichen. Bild 5.6 zeigt die Ergebnisse der Hauptkomponentenanalyse bei einer rein translatorischen und einer allgemeinen Bewegung bestehend aus Translation und Rotation der Objektpunkte relativ zu den Kameras. Die dargestellten Ergebnisse wurden mit Hilfe der in Kap. 5.2.5 beschriebenen Simulationsumgebung erzeugt. Das robuste IEKF verwendete hier ausschließlich die Kollinearitätsgleichungen des rekursiven Bündelausgleichs und die Zustandsraumdarstellung nach Gl. (5.69). Die Bilddaten wurden mit additivem, mittelwertfreiem Gauß'schen Rauschen der Standardabweichung 0.5 Pixel behaftet. Die Anfangsschätzung $\hat{\mathbf{z}}_0$ und die initiale Kovarianzmatrix $\mathbf{P}_0$ wurden in beiden Simulationen identisch gewählt.

Im Idealfall sollten bei einem Schätzproblem alle Eigenwerte näherungsweise gleiche Größe aufweisen, sodass alle Richtungen im Zustandsraum ähnlich gut beobachtbar sind. Dies ist aber bei dem in Bild 5.6 nicht der Fall. Stattdessen ergibt die Hauptkomponentenanalyse in beiden Fällen einen ausgeprägten größten Eigenwert bei 0.8825 bzw. 0.9057. Die zugehörigen Eigenvektoren weisen beide in Richtung der Z-Komponente des Translationsvektors $\mathbf{T}_C$ zwischen den Stereokameras[6]. Wir können in diesem Beispiel also erkennen, dass die stereoskopische Selbstkalibrierung die Unsicherheit des extrinsischen Parameters $T_{C,Z}$ nur um ca. 10% verringern konnte. Anschaulich ist diese schlechte Beobachtbarkeit des Parameters $T_{C,Z}$ leicht nachvollziehbar: Eine geringe Verschiebung einer Kamera in Richtung ihrer optischen Achse bewirkt eine verhältnismäßig kleine Änderung des aufgenommenen Bildes und hat damit nur einen sehr geringen Effekt auf die 3D-Rekonstruktion.

Weiter ist aber in Bild 5.6 auffällig, dass bei der rein translatorischen Bewegung eine zweite Linearkombination des Zustandsvektors überdurchschnittlich schlecht beobachtbar ist. Da diese Richtung hauptsächlich und zu gleichen Teilen durch die beiden Brennweiten f_L und f_R bestimmt wird, sind die Schätzfehler der Brennweiten hochgradig korreliert. Die Unsicherheit des absoluten Betrages der beiden Parameter f_L und f_R konnte also nur um ca. 70% reduziert werden. Das Verhältnis der Brennweiten konnte dagegen sehr zuverlässig bestimmt werden. Dieser Effekt ist auch in Bild 5.4 deutlich erkennbar, wo die Schätzungen der beiden Größen f_L

---

[6]Man beachte, dass in Bild 5.6 aus Gründen der Übersichtlichkeit lediglich die letzten 13 Komponenten des Eigenvektors dargestellt wurden. Diese Komponenten entsprechen den gesuchten Kameraparametern. Die verbleibenden 40 Komponenten entsprechen der Unsicherheit der Tiefenrekonstruktion jedes Objektpunktes. Für die weitere Analyse in diesem Unterkapitel sind diese nicht von Bedeutung.

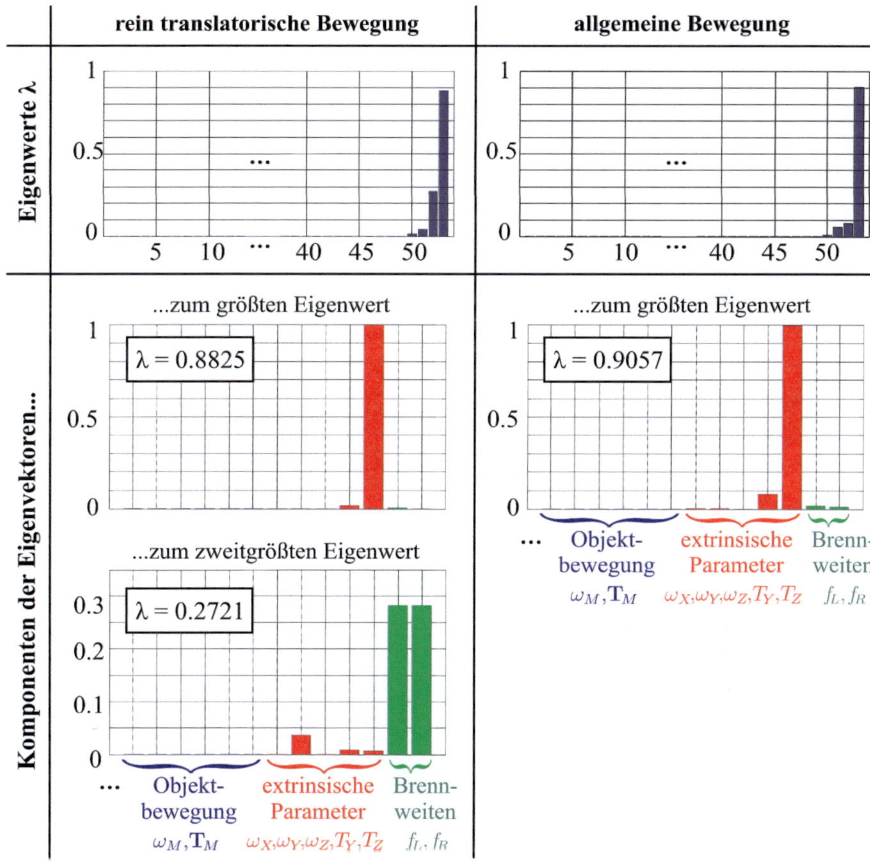

Bild 5.6: Beobachtbarkeit der Kameraparameter bei Sequenzen mit 50 Stereobildern. Links: Rein translatorische Bewegung. Es sind zwei schlecht beobachtbare Richtungen zu erkennen: Zum einen die Translationskomponente $T_{C,Z}$ zwischen den Kameras in Blickrichtung, zum anderen der absolute Betrag beider Brennweiten. Rechts: Allgemeine Bewegung aus Rotation und Translation. Lediglich die Verschiebung der Kameras ist schlecht bestimmbar.

und f_R nahezu parallel verlaufen.

Im zweiten Beispiel wird der Informationsgewinn durch die verschiedenen Bedingungsgleichungen aus Kap. 4 untersucht. Hier wurde bewusst die extrinsische Parametrisierung in Nick-, Gier- und Wankwinkel nach Gl. (5.70) gewählt. Eine entsprechende Analyse für eine Zustandsvektor nach Gl. (5.69) ist aber analog möglich. Bild 5.7 zeigt die Ergebnisse der Beobachtbarkeitsanalyse für Simulationsdurchläufe, bei denen jeweils ausschließlich die Kollinearitätgleichung, die Trilinearitäten bzw. die Epipolarbedingung im impliziten Beobachtungsmodell verwendet wurde. Wie erwartet ist die Überlegenheit des rekursiven Bündelausgleichs deutlich sichtbar. Es zeigt sich lediglich eine hohe Korrelation der Gierwinkel Ψ_R und Ψ_L beider Kameras. Dies ist unter Berücksichtigung der Ergebnisse aus Tab. 2.2 auch verständlich, da sich Gierwinkelfehler der rechten und linken Kamera zumindest teilweise gegenseitig kompensieren können. Die hohe Korrelation zwischen den Gierwinkeln ist bei allen geometrischen Bedingungen in annähernd gleichem Maße erkennbar. Allerdings tritt bei den trilinearen Bedingungen zusätzlich eine schlechte Beobachtbarkeit der Brennweiten f_L und f_R auf, die bei der Epipolarbedingung noch deutlicher bemerkbar ist. Diese Erkenntnisse der stochastischen Beobachtbarkeitsanalyse werden durch die Simulationsergebnisse aus Kap. 5.2.5 und die im Rahmen dieser Arbeit durchgeführten realen Experimenten (Kap. 6) bestätigt.

5.4   Zusammenfassung

Das vorliegende Kapitel beschreibt ein Verfahren zur rekursiven Selbstkalibrierung von Stereokameras. Dazu wurde ein IEKF für nichtlineare Gauß-Helmert-Modelle vorgestellt, das sowohl den optimalen Systemzustand als auch korrigierte Beobachtungen berechnet. Da Messdaten für eine Selbstkalibrierung in der Realität häufig signifikante Fehlzuordnungen (Ausreißer) enthalten, ist die Robustheit des verwendeten Schätzverfahrens von großer Bedeutung. In dieser Arbeit wird deshalb eine robuste Innovation des IEKF auf Basis eines *random sampling*-Verfahrens mit LMedS-Kriterium vorgeschlagen.

In der Simulation zeigt das beschriebene Verfahren sehr gute Ergebnisse. Anhand von synthetischen Bilddaten wird die Robustheit gegenüber Ausreißern bestätigt und die Nützlichkeit der wiederholten Linearisierungen des IEKF demonstriert.

Außerdem wurde ein Verfahren zur stochastischen Beobachtbarkeitsanalyse nach [Ham u. Brown 1983] vorgestellt. Dieser Ansatz ist besonders für die Verwendung in einem Kalman-Filter hervorragend geeignet und stellt ein nützliches Hilfsmittel für das Filterdesign dar. Obwohl die beschriebene Beobachtbarkeitsanalyse streng

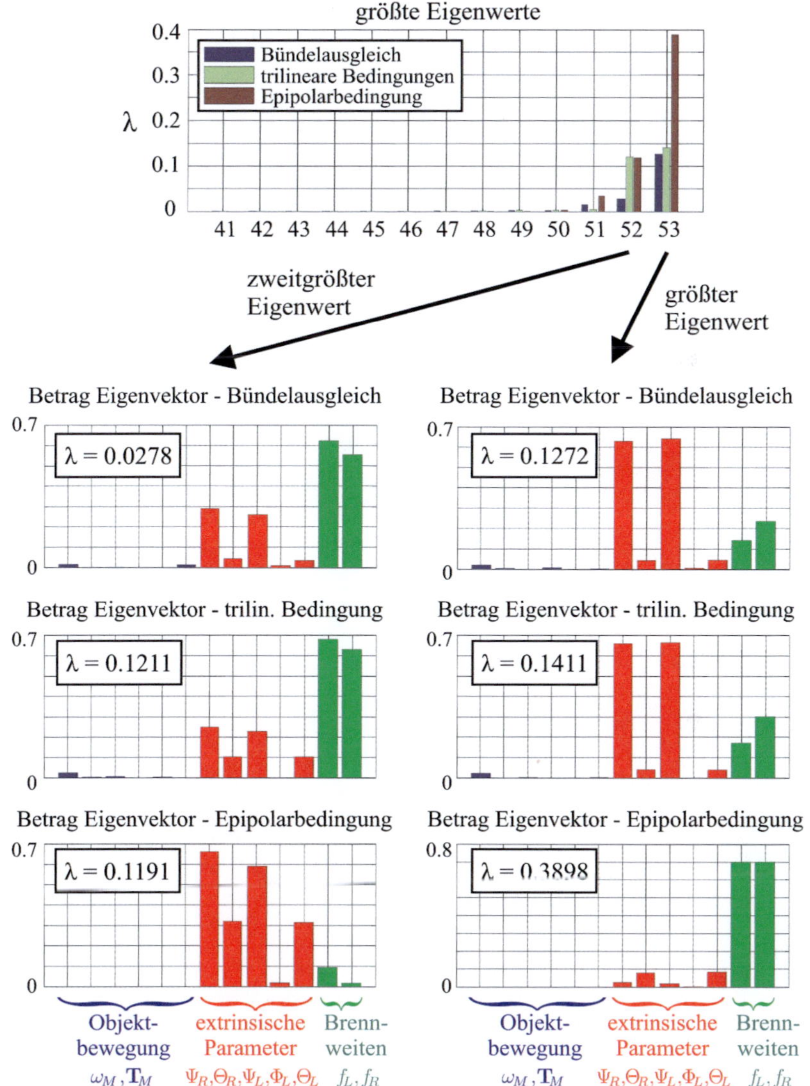

Bild 5.7: Vergleich verschiedener Bedingungsgleichungen.

genommen nur in linearen Systemen gültig ist, zeigen die gewonnenen Ergebnisse gute Übereinstimmung mit der Praxis und ermöglichen eine genaue Analyse des Filterverhaltens. Es verbleibt nun, im folgenden Kapitel die Leistungsfähigkeit des IEKF für Gauß-Helmert-Modelle an realen Daten zu überprüfen.

6   Experimentelle Ergebnisse

Dieses Kapitel demonstriert die Leistungsfähigkeit der Selbstkalibrierung in der Praxis anhand zweier Anwendungsbeispiele: Zunächst wird in Kap. 6.1 die Selbstkalibrierung eines starren Stereokamerasystems für den Bereich Fahrerassistenz vorgestellt. Mit Hilfe der in dieser Arbeit entworfenen Algorithmen werden genaue Schätzwerte für Brennweiten und äußere Orientierungen der Kameras aus einer beliebigen Stereosequenz bestimmt. Zur Stabilisierung der Parameterschätzung werden als Eingangsdaten neben Bildfolgen auch im Versuchsfahrzeug zugängliche Odometriedaten verwendet.

Kap. 6.2 beschreibt die Selbstkalibrierung eines aktiven Sehsystems mit individuell drehbaren Kameras. Die Bestimmung der Kameraparameter beruht hier allein auf erfassten Bilddaten. Sie kann damit sowohl auf einer mobilen Plattform im Innenraumbereich als auch im Versuchsfahrzeug im Straßenverkehr eingesetzt werden.

6.1   Selbstkalibrierung von Stereokameras in Fahrzeugen

6.1.1   Versuchsaufbau

Zunächst soll mit Hilfe der bisher vorgestellten Verfahren die Selbstkalibrierung des in Bild 6.1 gezeigten Stereokamerasystems realisiert werden. Die Stereokamera im Versuchsträger des Instituts für Mess- und Regelungstechnik hat eine Basisbreite von 30 cm und besteht aus zwei Digitalkameras mit einem Öffnungswinkel von ca. 50°. Mit diesem Sensor ist eine Tiefenerfassung im Bereich zwischen fünf und vierzig Metern möglich.

Aufgabe der Selbstkalibrierung ist die Bestimmung der Brennweiten jeder Kamera und der fünf extrinsischen Parameter des Stereosystems. Als Parametrisierungsform wurde das Stereokameramodell nach Gln. (2.19) und (2.20) gewählt. Bei dem hier verwendeten starren Stereosystem mit näherungsweise parallel ausgerichteten Kameras wurden korrespondierende Bildpunkte mit dem in Kap. 3.2 beschriebenen intensitätsbasierten Verfahren automatisch extrahiert. Als Bedin-

Bild 6.1: Das starre Stereokamerasystem im Versuchsfahrzeug des Instituts für Mess- und Regelungstechnik.

gungsgleichungen für die stereoskopische Selbstkalibrierung wurden zunächst lediglich die Kollinearitätsgleichungen aus Kap. 4.4 verwendet.

Neben Stereobildfolgen wurden hier auch Daten der Fahrzeugodometrie verwendet: Das Versuchsfahrzeug verfügt über ein Anti-Blockier-System (ABS), dessen Sensoren die Drehrate der Fahrzeughinterachse bestimmen. Diese Daten werden von einem Mikrocontroller erfasst und an einen Auswerterechner im Fahrzeug übertragen [Böhringer 2002]. Der Selbstkalibrierung stehen damit Geschwindigkeitsmessungen in der Einheit km/h zur Verfügung. Andere Messdaten wie z. B. Lenkwinkel konnten im Versuchsträger nicht aufgenommen werden.

Die Odometriedaten dienen als unterstützende Messungen für die Selbstkalibrierung. Sie können die Robustheit der Selbstkalibrierung erhöhen, da durch eine genauere Kenntnis der Eigenbewegung eine zuverlässigere Identifikation und Eliminierung von Ausreißern in den Punktkorrespondenzen möglich ist. Zudem wird mit zusätzlichen absoluten Messungen wie Geschwindigkeiten oder Abständen im Raum auch der sechste Freiheitsgrad der äußeren Orientierung — die Basisbreite der Kameras — theoretisch beobachtbar. Dies wurde hier aber aufgrund der hohen Unsicherheit der gegebenen Geschwindigkeitsmessungen nicht experimentell untersucht.

Um die gegebene Geschwindigkeitsmessung $\hat{v}_k$ in die Selbstkalibrierung nach Kap. 5 zu integrieren, muss zunächst der Zusammenhang zwischen $\hat{v}_k$ und den Parametern $\mathbf{R}_{M,k}$, $\mathbf{T}_{M,k}$ der Kamerabewegung (s. Kap. 4.3) modelliert werden. Da-

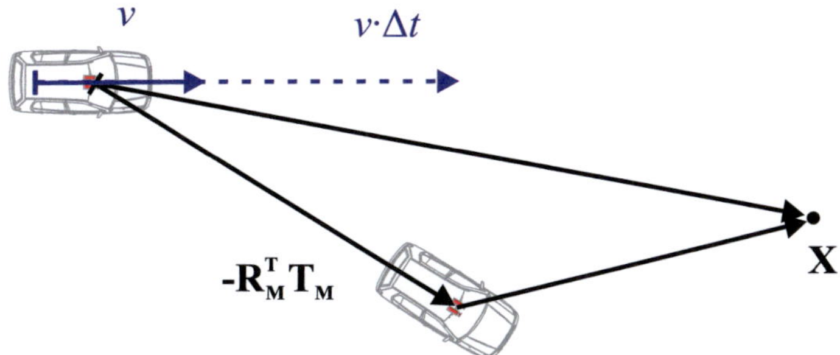

Bild 6.2: Im Versuchsträger des Instituts für Mess- und Regelungstechnik kann die Geschwindigkeit der Hinterachse über Raddrehzahlgeber gemessen werden [Böhringer 2002]. Nimmt man an, dass sich das Fahrzeug auf einer Kreisbahn bewegt, so entspricht der Betrag des Geschwindigkeitsvektors der Stereokamera dem Betrag der Geschwindigkeit der Hinterachse, d. h. $\| - \mathbf{R}_M \mathbf{T}_M \| = \|\mathbf{V}\| = v\Delta t$, wobei Δt die Zeitdifferenz zwischen zwei aufeinander folgenden Bildern bezeichnet.

zu wird vereinfachend angenommen, dass sich das Fahrzeug auf einer Kreisbahn mit großem Radius bewegt und die an der Hinterachse gemessene Geschwindigkeit $\hat{v}_k$ damit dem Betrag des Geschwindigkeitsvektors der Stereokamera ungefähr entspricht (vgl. Bild 6.2). Diese Annahme ist für die meisten Fahrmanöver im Straßenverkehr in guter Näherung erfüllt.

Nach dem einfachen Modell (4.21) wird die Bewegung eines 3D-Punktes $\mathbf{X}$ zwischen zwei Bildern durch

$$\mathbf{X}_{k+1} = \mathbf{R}_{M,k}\, \mathbf{X}_k + \mathbf{T}_{M,k} \tag{6.1}$$

beschrieben. Entsprechend Tab. 2.1 ergibt sich damit die Translation zwischen aufeinander folgenden Positionen des Stereokamerasystems zu den Zeitpunkten k und $k+1$ aus

$$\mathbf{T}_{\mathrm{Fzg},k} = -\mathbf{R}_{M,k}^T\, \mathbf{T}_{M,k}\,, \tag{6.2}$$

wobei der Verschiebungsvektor $\mathbf{T}_{\mathrm{Fzg},k}$ im Koordinatensystem der ersten Kameraposition angegeben ist. Mit Gl. (6.2) gilt zwischen dem gemessenen Geschwindigkeitsbetrag $\hat{v}_k$ und den Bewegungsparametern der Kamera die Beziehung

$$\hat{v}_k = v_k + e_{V,k}$$
$$= \frac{1}{\Delta t}\|\mathbf{T}_{\mathrm{Fzg},k}\| + e_{V,k} = \frac{1}{\Delta t}\|\mathbf{R}_{M,k}^T \mathbf{T}_{M,k}\| + e_{V,k}$$

$$= \frac{1}{\Delta t} \| \mathbf{T}_{M,k} \| + e_{V,k} \; . \tag{6.3}$$

Δt bezeichnet dabei die Zeitspanne zwischen zwei Bildern und $e_{V,k} \sim N(0, \sigma_V^2)$ den als weißes Gauß'sches Rauschen modellierten Fehler der Geschwindigkeitsmessung.

Mit Hilfe von Gl. (6.3) können die Odometriedaten leicht in das in Kap. 5.2 beschriebene IEKF integriert werden. Dazu wird dem impliziten Messmodell aus Gl. (5.59) lediglich eine weitere Zeile hinzugefügt:

$$\mathbf{h}\left(\begin{bmatrix} \mathbf{x}_k \\ v_k \end{bmatrix}, \mathbf{z}_k \right) = \begin{bmatrix} \vdots \\ \frac{1}{\Delta t} \| \mathbf{T}_{M,k} \| - v_k \end{bmatrix} = \mathbf{0} \; . \tag{6.4}$$

Alle weiteren Elemente von $\mathbf{h}$ bleiben unverändert. Somit kann eine odometrisch gestützte stereoskopische Selbstkalibrierung im Fahrzeug realisiert werden.

6.1.2 Ergebnisse

Als repräsentatives Beispiel der Selbstkalibrierung werden hier Ergebnisse einer Sequenz mit 500 Stereobildern gezeigt. Die Bilder wurden mit einer Taktrate von 25 Hz aufgenommen. Das Fahrzeug fuhr zunächst geradeaus und bog dann nach rechts in eine kreuzende Straße ab.

Um Referenzdaten für die Ergebnisse der Selbstkalibrierung zu erhalten, wurden die Kameras vor Beginn der Messungen zunächst mit einem Offline-Verfahren kalibriert. Dazu wurde Bouguets hervorragende Matlab-Toolbox[1] verwendet. Die Offline-Kalibrierung lieferte für die Stereokamera folgende Referenzdaten:

$$[f_{L,\mathrm{ref}}; f_{R,\mathrm{ref}}] = [826; 825] \text{ pixel}, \quad [T_{CY,\mathrm{ref}}; T_{CZ,\mathrm{ref}}] = [2{,}98; -5{,}7] \text{ mm}$$
$$\boldsymbol{\omega}_{C,\mathrm{ref}} = [-0{,}040; 1{,}34; 0{,}05]^\circ \; . \tag{6.5}$$

Die Selbstkalibrierung wurde dagegen mit folgenden Startwerten initialisiert:

$$[f_{L,0}; f_{R,0}] = [795; 820] \text{ pixel}, \quad [T_{CY,0}; T_{CZ,0}] = [0; 0] \text{ mm}$$
$$\boldsymbol{\omega}_{C,0} = [0; 0; 0]^\circ \; . \tag{6.6}$$

Wie wir später sehen werden, war mit dieser initialen Parameterwahl keine sinnvolle Stereorekonstruktion möglich. Erst mit den von der kontinuierlichen Selbstkalibrierung bestimmten Parametern wurde eine zuverlässige Tiefenmessung möglich. Bild 6.3 stellt die geschätzten Kameraparameter dar.

---

[1] http://www.vision.caltech.edu/bouguetj/calib_doc

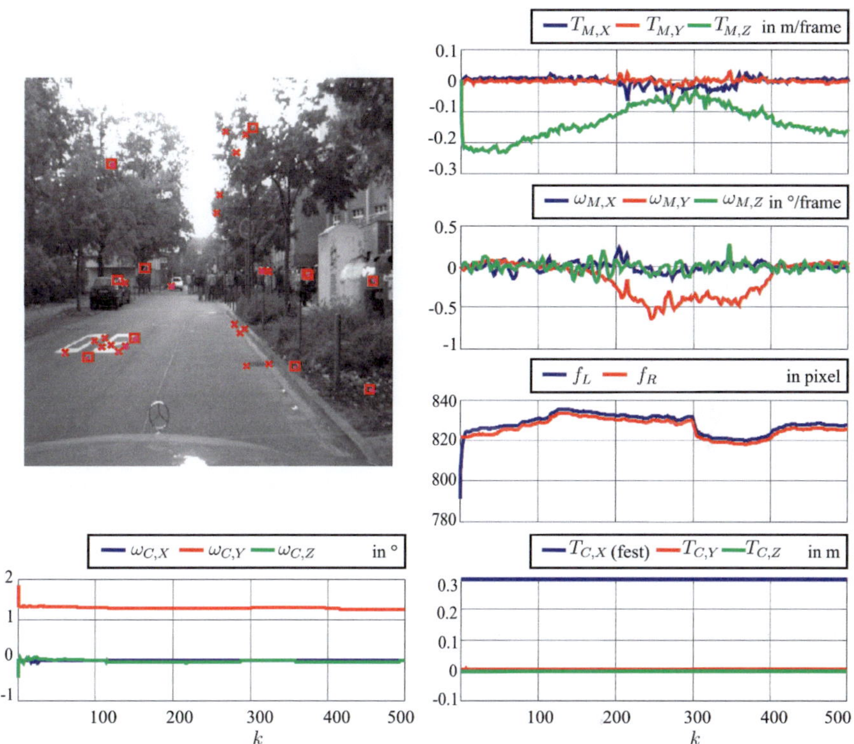

Bild 6.3: Ergebnisse der Selbstkalibrierung bei einer Stereosequenz mit 500 Bildern. Dargestellt sind die Schätzungen der Eigenbewegung $[\mathbf{T}_{M,k}, \boldsymbol{\omega}_{M,k}]$ des Kamerasystems (oben rechts), der Brennweiten $[f_{L,k}, f_{R,k}]$ der Kameras (rechts), sowie der extrinsischen Parameter $[\boldsymbol{\omega}_{C,k}, \mathbf{T}_{C,k}]$ des Stereosensors.

Die Stereoselbstkalibrierung zeigt gute Ergebnisse. Die geschätzten Bewegungsparameter der Kamera spiegeln die Abfolge von Geradeausfahrt und Rechtsabbiegen wider. Die Anfangsfehler der intrinsischen Parameter wurden innerhalb weniger Bilder korrigiert. Die geschätzten Brennweiten wurden ebenfalls schnell verbessert, auch wenn die vom Kalman-Filter bestimmten Unsicherheiten der Parameter f_L und f_R deutlich langsamer abnehmen als die der äußeren Orientierung. Um eine aussagekräftige und praktisch relevante Bewertung der Ergebnisse zu ermöglichen, wurden die geschätzten Kameraparameter für eine 3D-Rekonstruktion verwendet. Wie in Kap. 2.3 dargestellt, besteht das herkömmliche Verfahren zur Tiefenschätzung aus einer Rektifizierung der Stereobilder und der anschließenden Suche nach korrespondierenden Punkten entlang der rektifizierten Epipolarlinien.

vor Selbstkalibrierung   nach Selbstkalibrierung   Referenzkalibrierung

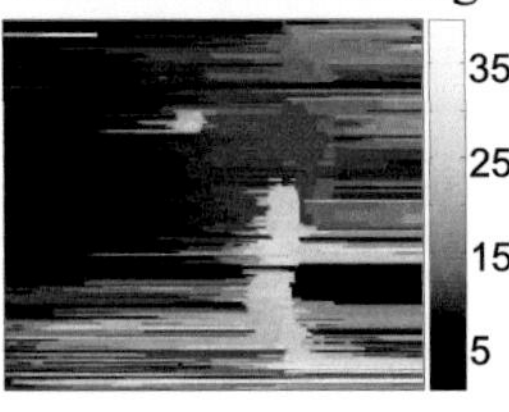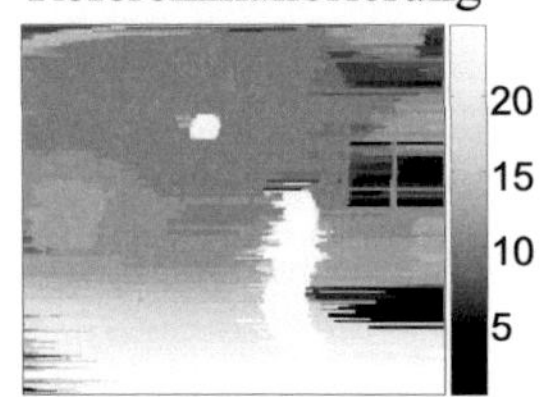

Bild 6.4: Stereorekonstruktion mit den Ergebnissen der Selbstkalibrierung. Verschiedene Parametersätze (Initialschätzung der Kameraparameter vor der Selbstkalibrierung, Ergebnis der Selbstkalibrierung, Referenzkalibrierung mit Bouguets Toolbox) wurden zur Rektifizierung verwendet. Anschließend wurde ein Stereomatching-Verfahren basierend auf dynamischer Programmierung verwendet. Die berechneten Disparitätsbilder zeigen die für dieses Optimierungsverfahren typische Zeilenstruktur der Zuordnungsfehler.

Zu beachten ist dabei, dass die Rektifizierung von den bestimmten Kameraparametern abhängig ist: Ist die ermittelte Kalibrierung fehlerhaft, so liegen korrespondierende Punkte in den rektifizierten Bildern nicht mehr in der gleichen Bildzeile (vgl. Kap. 2.4) und eine anschließende Korrespondenzsuche wird in vielen Fällen scheitern.

Bild 6.4 zeigt die Ergebnisse der Stereorekonstruktion für verschiedene Parametersätze (die initialen Kameraparameter vor Beginn der Schätzung, das Ergebnis der Selbstkalibrierung nach 500 Bildern und die Referenzwerte der Offline-Kalibrierung). Um die Vergleichbarkeit der Resultate zu gewährleisten, wurde in den drei Beispielen jeweils der gleiche Stereoalgorithmus aus der OpenCV-Bibliothek[2] verwendet. Es ist klar zu erkennen, dass mit der initialen Schätzung nach Gl. (6.6) keine zuverlässige Stereorekonstruktion möglich ist. Nur die Person im Vordergrund kann erkannt werden, der Hintergrund der Szene verschwindet vollständig. Die Ergebnisse der stereoskopischen Selbstkalibrierung nach 500 Bildern erlauben eine deutlich bessere Rekonstruktion und sind mit den Resultaten der Offline-Kalibrierung vergleichbar.

---

[2]http://sourceforge.net/projects/opencvlibrary

6.2 Selbstkalibrierung eines aktiven Stereosystems

6.2.1 Die aktive Kameraplattform

Ein wichtiges Anwendungsgebiet der stereoskopischen Selbstkalibrierung ist das aktive Sehen. Aktive Stereokameras wurden bereits im Automobilbereich [Dickmanns 2002; Gehrig 2005] und in der Robotik verwendet [Bjorkman u. Eklundh 2002; Murray u. a. 1992]. In Anlehnung an das menschliche Sehsystem besteht ein aktives Kamerasystem zumeist aus zwei Videosensoren, welche sich mit Hilfe entsprechender Aktuatorik auf die momentan wichtigen Elemente einer Szene ausrichten können. Ein solches System bietet viele Vorteile: Beispielsweise kann eine aktive Kameraplattform in einem Fahrzeug den Sichtbereich auf nahezu 180° erweitern und ist deshalb besonders für die Erfassung von komplexen innerstädtischen Kreuzungsbereichen geeignet. Andere Fähigkeiten von aktiven Sehsystemen wie z. B. die glatte Verfolgung von bewegten Objekten oder das sakkadische Sehen wurden in [Gregor u. a. 2002] untersucht. Im Rahmen dieser Arbeit wurde eine Kameraplattform entwickelt [Dang u. Hoffmann 2006], welche die angeführten Vorteile eines aktiven Sehsystems für autonom agierende Fahrzeuge nutzbar machen soll.

In der Literatur werden unterschiedliche Bauformen von aktiven Stereokameras vorgestellt. Zum einen können die Kameras auf einer gemeinsamen Plattform starr montiert werden, welche um eine zentrale Achse drehbar ist. Die relative Orientierung und Verschiebung beider Kameras bleibt dann stets konstant. In [Gehrig 2005] wurde darauf hingewiesen, dass diese Bauform in Fahrzeugen ungünstig ist, da die Kameras dann mindestens eine Entfernung von einer halben Basisbreite zur Windschutzscheibe einhalten müssen. Alternativ können die Kameras individuell drehbar montiert werden. In diesem Fall sind die zu bewegende Masse und die Gesamtgröße der Kameraplattform deutlich kleiner als bei einem starren Stereosystem. Da sich aber die relative Position und Orientierung der Kameras bei jeder Bewegung ändern, wird dieser Vorteil zum Preis einer hochgenauen und robusten mechanischen Aufhängung oder einer Selbstkalibrierung der Stereokamera erkauft. Außerdem ist zu bemerken, dass die effektive Basisbreite eines aktiven Stereosystems dieser Bauform mit dem Kosinus der horizontalen Blickrichtung abnimmt. Dies stellt aber kein schwerwiegendes Problem dar, da in den meisten Anwendungen (z. B. bei der Erfassung eines Kreuzungsbereichs) die erforderliche Tiefenauflösung in seitlicher Richtung deutlich geringer ist als nach vorne.

Bild 6.5 zeigt den aktiven Videosensor im Versuchsträger des Instituts für Mess- und Regelungstechnik. Um eine kleine Baugröße und schnelles sakkadisches Sehen zu ermöglichen, werden alle verwendeten Kameras unabhängig bewegt. Aus

a.

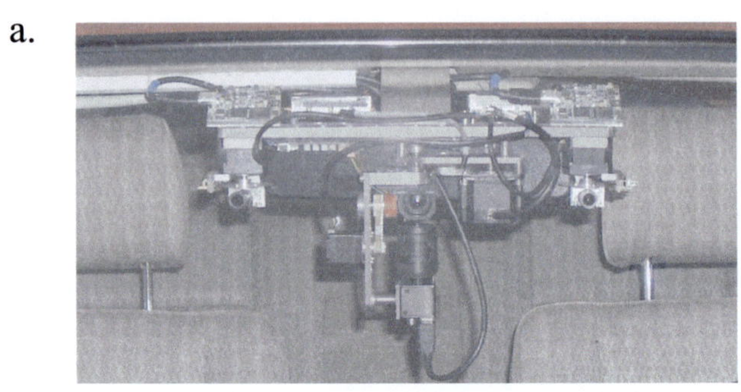

b.

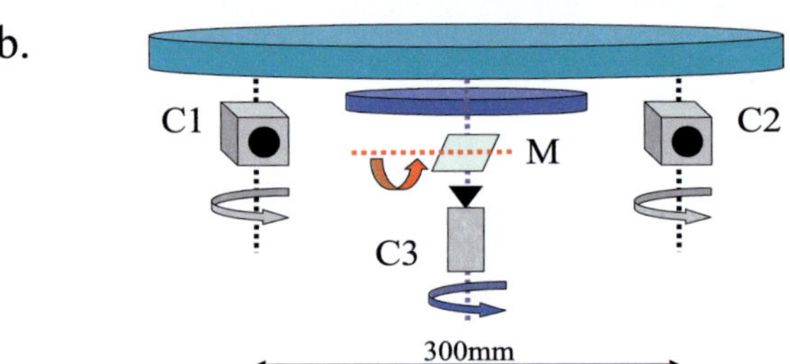

Bild 6.5: a. Die aktive Kameraplattform im Versuchsfahrzeug des Instituts für Mess- und Regelungstechnik. Die Plattform besteht aus zwei Stereokameras mit einem horizontalen Sichtbereich von jeweils 46° und einer Telekamera. Die beiden Stereokameras können unabhängig voneinander um ihre Hochachse gedreht werden, während die Telekamera sowohl Gier- und Nickbewegungen (über einen drehbaren Spiegel) ausführen kann. b. Schematische Ansicht der aktiven Kameraplattform (C1, C2: Stereokameras, C3: Telekamera, M: Spiegel).

Kostengründen wurden zudem so weit als möglich Standardkomponenten eingesetzt. Die Drehung der einzelnen Kameras erfolgt über Schrittmotoren. Mit diesen kann eine einfache Steuerung der Motorpositionen durchgeführt werden. Die Umsetzung eines geschlossenen Regelkreises ist nicht erforderlich.

Die Telekamera im Zentrum der Plattform wird für monokulares Sehen verwendet und soll vor allem der Erkennung von Objekten in größerer Entfernung dienen. Da der Öffnungswinkel der Telekamera nur ca. 18° beträgt, muss sie Nickbewegungen des Fahrzeugs kompensieren können. Die Orientierung der Kamera kann deshalb sowohl in horizontaler als auch in vertikaler Richtung verändert werden. In [Dickmanns 2002] wird vorgeschlagen, die vertikale Blickrichtung mit Hilfe eines kleinen Spiegels zu variieren, um so die zu bewegende Masse möglichst gering zu halten. Dieses Konzept wurde auch hier übernommen. Außerdem wurde

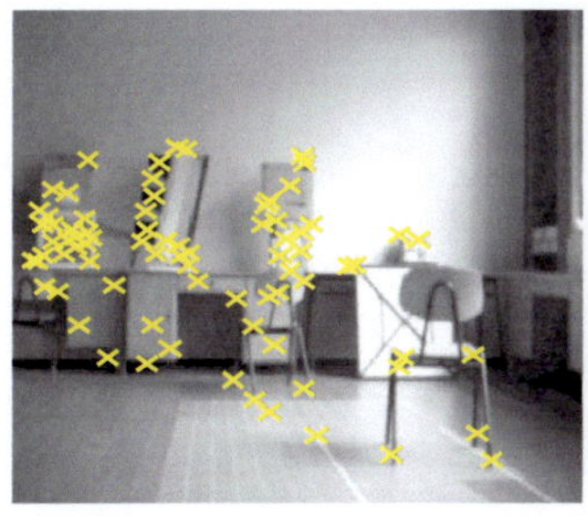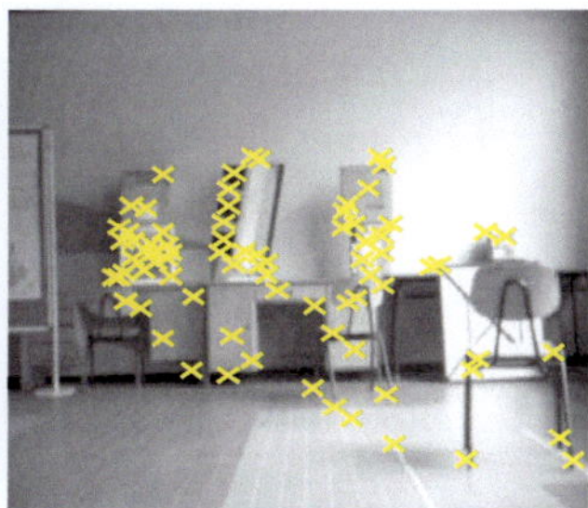

Bild 6.6: Beispiel eines Stereobildpaares der Innenraumsequenz. Punktkorrespondenzen wurden mit Hilfe von SIFT-Merkmalen extrahiert und sind im Bild mit „×" markiert. Die Sequenz bestand aus 305 Bildpaaren. Nach 195 Bildern wurden beide Kameras um ca. 20° nach rechts geschwenkt.

auf dem Spiegel ein Beschleunigungssensor angebracht, der die Bildstabilisierung unterstützt. Da sich jede der verwendeten Kameras unabhängig bewegen kann, stellt die vorgestellte Kameraplattform eine hervorragende Testumgebung für die kontinuierliche Selbstkalibrierung dar.

6.2.2 Ergebnisse

Die kontinuierliche Selbstkalibrierung wurde mit unterschiedlichen Bildsequenzen der im letzten Unterkapitel beschriebenen aktiven Kamera getestet. Stellvertretend werden hier zwei Beispiele aus dem Innen- und Außenraumbereich vorgestellt. Effekte der Linsenverzeichnung wurden in beiden Fällen vor Beginn der Selbstkalibrierung eliminiert.

Die erste Sequenz wurde von einer mobilen Plattform (einem Handwagen) aufgenommen, welcher in einer Laborumgebung bewegt wurde (Bild 6.6). Zur Bestimmung einer Referenzkalibrierung wurde wieder Bouguets Offline-Verfahren verwendet. Die rekursive Selbstkalibrierung wurde mit initialen Kameraparametern gestartet, welche gegenüber den Referenzwerten einen Fehler von ca. 3° in den Kameraorientierungen und ca. 10% in den Brennweiten aufwiesen. Die gesamte Sequenz umfasste 305 Stereobilder. Nach 195 Bildern wurde eine Rotation beider Kameras um ca. 20° nach rechts durchgeführt.

Die Selbstkalibrierung beruht in diesem Beispiel sowohl auf Bedingungsgleichungen des rekursiven Bündelausgleichs als auch auf Epipolarbedingungen, wobei maximal fünfzig Objektpunkte zeitlich verfolgt und nicht mehr als zwanzig weitere Korrespondenzpaare für die Epipolarbedingung verwendet werden. Durch die

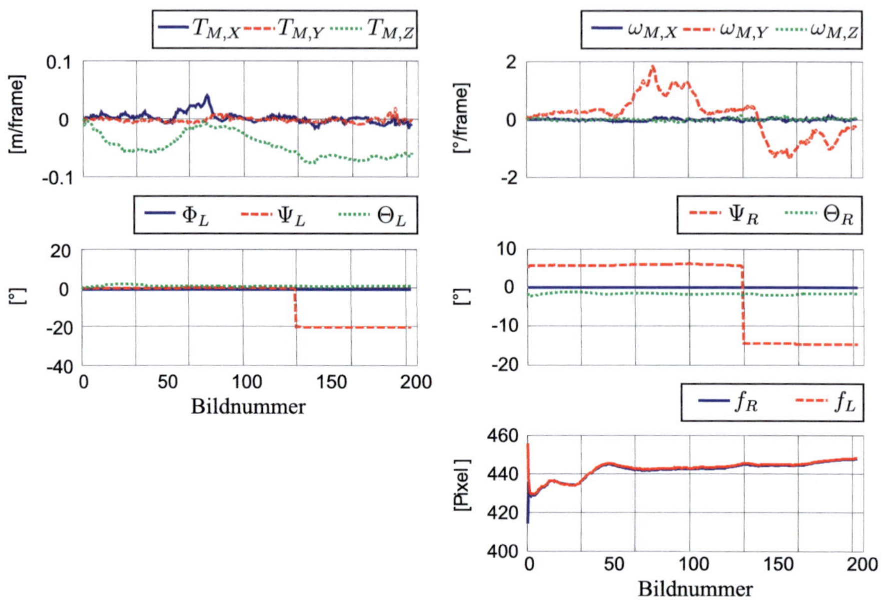

Bild 6.7: Geschätzte Eigenbewegung $(\mathbf{T}_{M,k}, \boldsymbol{\omega}_{M,k})$, extrinsische Kameraparameter $(\boldsymbol{\omega}_R, \boldsymbol{\omega}_L)$ und Brennweiten (f_R, f_L) für die Innenraumsequenz aus Bild 6.6. Die Drehbewegung der Kameras wird zuverlässig erkannt.

Verwendung dieser geometrischen Beziehungen konnte eine hohe Genauigkeit und Robustheit der Selbstkalibrierung erreicht werden. Auf die zusätzliche Nutzung der trilinearen wurde verzichtet. Die Bestimmung von korrespondierenden Punkten basierte in diesem Experiment auf SIFT-Merkmalen (Kap. 3.3). Bild 6.7 zeigt die Ergebnisse der kontinuierlichen Selbstkalibrierung.

Um die Leistungsfähigkeit der schritthaltenden Selbstkalibrierung in diesem Beispiel zu bewerten, wurden die 3D-Positionen der in Bild 6.6 dargestellten Bildmerkmale rekonstruiert. Mit Hilfe des Triangulationsverfahrens nach [Hartley u. Sturm 1997], den Referenzdaten der als fehlerfrei angenommenen Offline-Kalibrierung und den Ergebnissen des IEKF nach 100 Bildern konnte ein mittlerer relativer Rekonstruktionsfehler $\bar{\epsilon}_{\mathrm{ref}}$ nach Gl. (5.75) berechnet werden. Tab. 6.1 fasst die entsprechenden Ergebnisse zusammen: Die für die Selbstkalibrierung verwendeten Startwerte lieferten nur für 63 der 91 extrahierten Punktpaare gültige 3D-Positionen vor den Kameras. Die 63 rekonstruierten Objektpunkte wiesen dabei aber einen großen relativen Positionsfehler von ca. 50% auf. Nach 100 Bildern konnten alle Merkmale zuverlässig erkannt werden und der verbleibende Rekon-

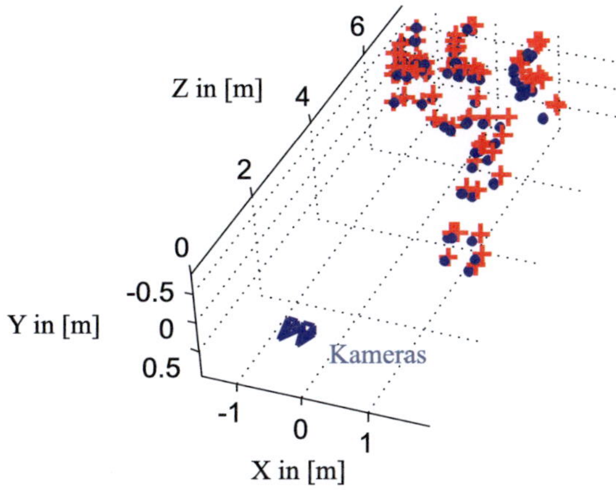

Bild 6.8: 3D-Rekonstruktion der Bildmerkmale aus Bild 6.6: '.' markiert die mit den Kameraparametern aus Bouguets Offline-Kalibrierung rekonstruierten 3D-Positionen. '+' zeigt die Rekonstruktionsergebnisse mit den Kameraparametern, die von der Selbstkalibrierung nach 100 Bildern ermittelt wurden.

struktionsfehler gegenüber der Referenzkalibrierung lag unter 3%.

	Anz. gültiger Rekonstruktionen	rel. Rekonstruktions- fehler
Referenzkalibrierung	91 von 91	—
Anfangsschätzung	63 von 91	49.46%
Selbstkalibrierung	91 von 91	2.36%

Tabelle 6.1: Vergleich der 3D-Rekonstruktionsergebnisse.

Die zweite Beispielsequenz wurde mit der aktiven Kameraplattform im Versuchsfahrzeug aufgenommen. Bild 6.9 zeigt zwei Stereobildpaare und mit Hilfe der verteilungsbasierten Korrespondenzanalyse (s. Kap. 3.3) automatisch extrahierte Punktkorrespondenzen. In diesem Experiment wurden ebenfalls maximal fünfzig Punkte im rekursiven Bündelausgleich verfolgt und maximal zwanzig weitere Stereokorrespondenzen für die Epipolarbedingung nach Kap. 4.2 verwendet. Das Fahrzeug fuhr zunächst geradeaus und bog nach ca. vierzig Bildern links ab. Diese Bewegung spiegelt sich deutlich in den geschätzten Parametern $\mathbf{T}_{M,k}$ und $\boldsymbol{\omega}_{M,k}$ wieder (Bild 6.10). Die Kameras wurden zweimal gedreht: Vor Beginn der Kurvenfahrt zuerst um $15°$ nach links (Bild 38) und anschließend um $-15°$ nach En-

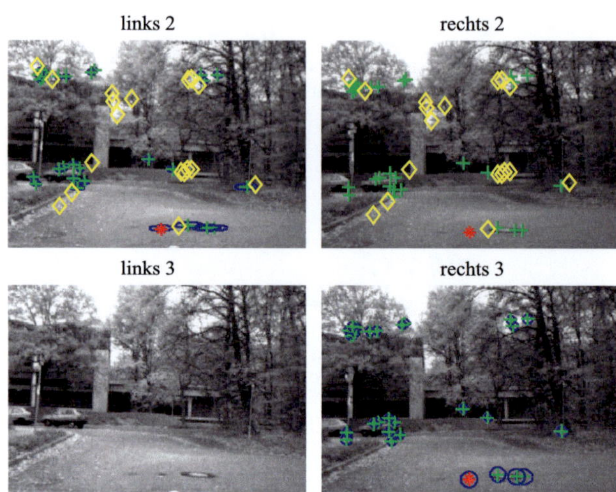

Bild 6.9: Zweites und drittes Bildpaar der Stereosequenz. Die automatisch extrahierten Merkmale sind ebenfalls dargestellt: $+$: verfolgtes Bildmerkmal, $\diamond$: räumliche Punktkorrespondenz für Epipolarbedingung, $*$: ungültige Zuordnung. Die prädizierten Positionen verfolgter Merkmale sind durch ihre 3σ-Kovarianzellipsen angezeigt.

de des Abbbiegemanövers (Bild 168). Beide Änderungen der Blickrichtung sind deutlich in den geschätzten Kameraparametern zu erkennen.

Bild 6.11 zeigt die Ergebnisse der Stereorekonstruktion mit Rektifizierung nach Kap. 2.3. Zur Bestimmung der Disparität kam der in [Hirschmüller u. a. 2002] vorgeschlagene Algorithmus zum Einsatz. In den Ergebnissen der obersten Reihe wurden wieder die Startwerte der Selbstkalibrierung zur Rektifizierung verwendet. Eine Offline-Kalibrierung wurde in diesem Experiment nicht durchgeführt, und die vom Benutzer vorgegebenen initialen Kameraparameter waren für eine Stereorekonstruktion nicht ausreichend. Nach ca. dreißig Bildern hatte das IEKF einen eingeschwungenen Zustand erreicht, und die ermittelten Kameraparameter erlaubten die Berechnung eines dichten Disparitätsfeldes. Auch nach den beiden Drehungen der Kameras (Bild 38 und 168) konnten die Kameraparameter zuverlässig bestimmt werden und ermöglichten eine Stereorekonstruktion der betrachteten Szene.

Ein weiteres Beispiel aus dem Straßenverkehr ist in Bild 6.12 dargestellt. Die Abbildung zeigt die mit Hilfe der Selbstkalibrierung berechneten Disparitätswerte. Wieder wurde das beschriebene Kalibrierverfahren mit einer initialen Schätzung

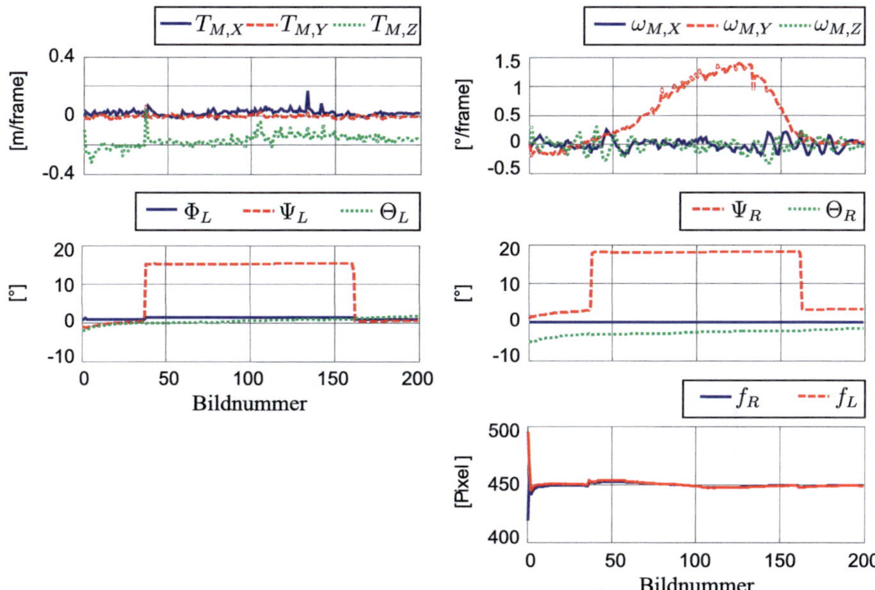

Bild 6.10: Geschätzte Eigenbewegung $(\mathbf{T}_M, \omega_M)$, extrinsische Kameraparameter (ω_R, ω_L) und Brennweiten (f_R, f_L) für die Innenraumsequenz aus Bild 6.9. Die Kameras wurden zweimal gedreht: um ca. $15°$ nach links vor Beginn der Linkskurve (Bild 38) und nach Ende des Abbiegemanövers um $15°$ nach rechts (Bild 162).

der Kameraparameter gestartet, die keine sinnvolle Stereorekonstruktion ermöglichte. Im Laufe der Bildsequenz konnte diese Anfangsschätzung deutlich verbessert werden. Außerdem veranschaulicht Bild 6.12, dass mit der vorgeschlagenen Stereoselbstkalibrierung auch bei mehreren unabhängig bewegten Objekten in der Szene (hier vorausfahrende und entgegenkommende Fahrzeuge im Kreuzungsbereich) eine zuverlässige Tiefenrekonstruktion erreicht werden kann.

Insgesamt zeigen die in Kap. 6 dargestellten Ergebnisse zum einen, dass mit Hilfe des vorgeschlagenen rekursiven Verfahrens eine Kalibrierung von Stereokameras bei vernünftigen Startwerten (z. B. aus Datenblättern oder Konstruktionsplänen) möglich ist. Zum anderen erlaubt das robuste IEKF eine Nachführung von Kameraparametern und kann damit zur Kompensation von Drifteffekten (z. B. durch mechanische oder thermische Einflüsse im Fahrzeug) und zur Selbstkalibrierung eines aktiven Stereosystems eingesetzt werden.

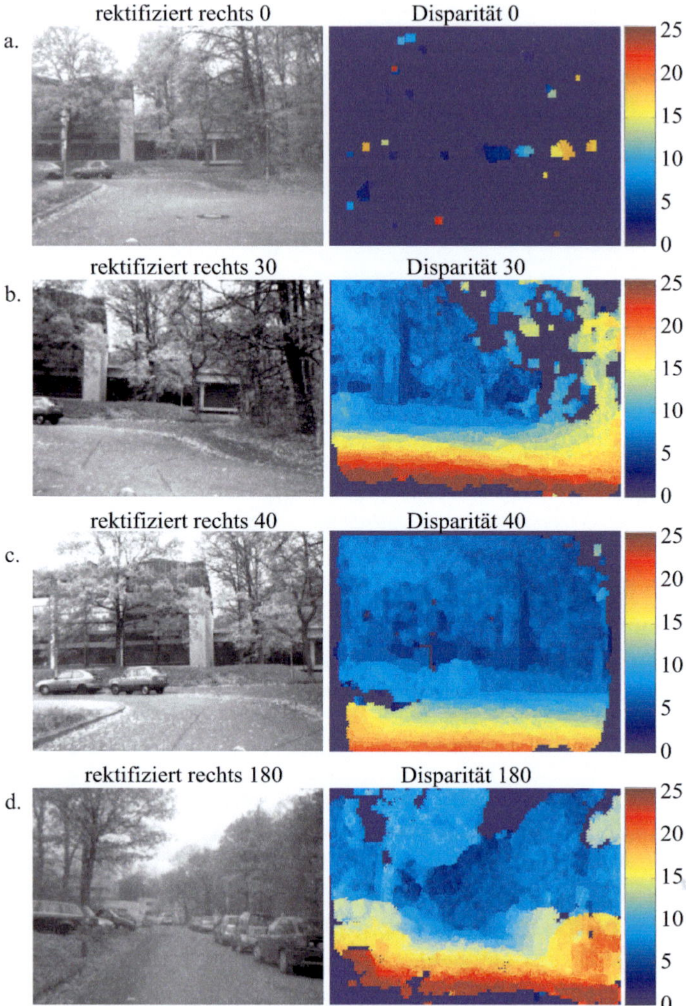

Bild 6.11: Stereorekonstruktion mit den Ergebnissen der Selbstkalibrierung aus Bild 6.10: a: Anfangsschätzung der Parameter im Bild 0. Man beachte, dass die Startwerte vom Benutzer manuell vorgegeben wurden. Aus diesem Grund war in Bild 0 auch noch keine 3D-Rekonstruktion möglich. b: Stereorekonstruktion nach Bild 30. c: Stereorekonstruktion nach erster Kameradrehung (Bild 40). d: Stereorekonstruktion nach zweiter Kameradrehung (Bild 180).

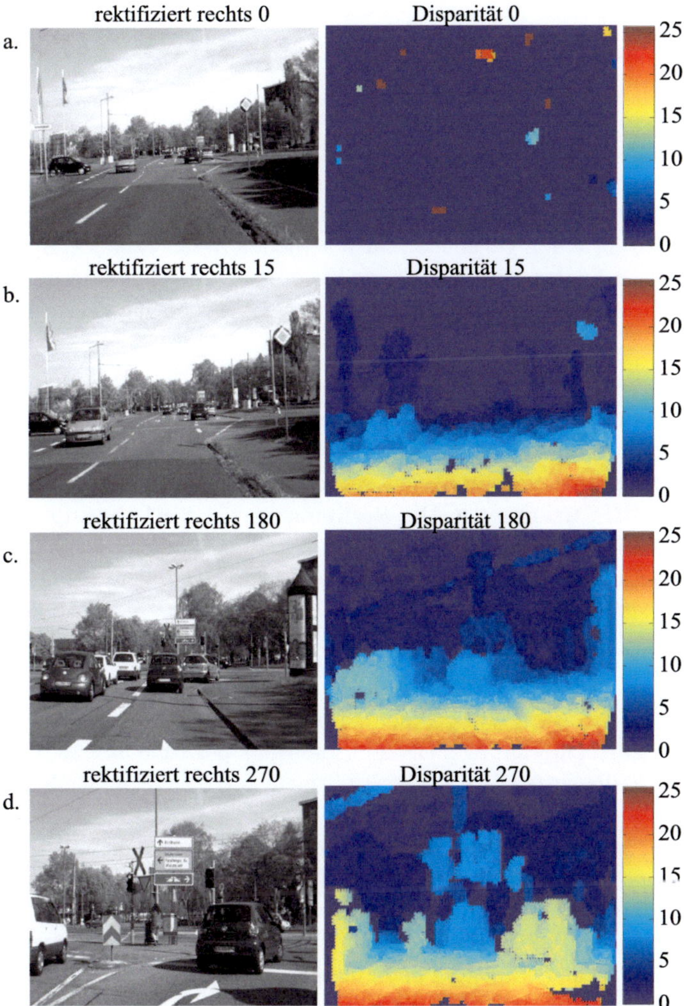

Bild 6.12: Stereorekonstruktion mit den Ergebnissen der Selbstkalibrierung bei einer Straßenverkehrsszene mit unabhängig bewegten Objekten: a: Anfangsschätzung der Parameter (Bild 0). b,c,d: Stereorekonstruktion nach Bild 15, 180 und 270.

7   Zusammenfassung und Ausblick

Die vorliegende Arbeit liefert eine vollständige Beschreibung der Verarbeitungskette einer kontinuierlichen Selbstkalibrierung von Stereokameras. Basierend auf dem Modell einer rektifizierten Stereokamera wird zunächst die Empfindlichkeit der 3D-Rekonstruktion gegenüber Unsicherheiten in der Kamerakalibrierung untersucht. Diese Analyse ermöglicht eine Identifikation wichtiger Kameraparameter für die Selbstkalibrierung und eine quantitative Abschätzung zulässiger Fehlertoleranzen.

Außerdem wurde eine allgemeine Einteilung gebräuchlicher Verfahren zur merkmalsbasierten Korrespondenzanalyse in Stereobildfolgen vorgestellt. Für die Selbstkalibrierung bieten sich dabei besonders zwei Ansätze an: ein Blockmatching-Verfahren und eine verteilungsbasierte Merkmalsextraktion auf Basis von SIFT-Deskriptoren. Die Bestimmung von SIFT-Deskriptoren ist zwar aufwändiger, liefert aber besonders bei großen Basisbreiten oder starken Verdrehungen der Kameras zueinander deutlich bessere Ergebnisse. Wichtig für die nachfolgenden Verarbeitungsschritte ist eine Validierung und eine Abschätzung der Messunsicherheit für extrahierte Punktkorrespondenzen. Entsprechende Methoden wurden in Kap. 3 aufgezeigt.

In dieser Arbeit werden drei geometrische Bedingungsgleichungen für die kontinuierliche Selbstkalibrierung analysiert: die Epipolarbedingung zwischen Stereobildern, die Trilinearitäten zwischen Bildtripeln und eine rekursive Form des Bündelausgleichs mit reduzierter Strukturrepräsentation. In Bezug auf die erreichbare Genauigkeit ist der Bündelausgleich den beiden anderen geometrischen Beziehungen deutlich überlegen. Insbesondere eröffnet sich durch die Schätzung der Strukturparameter die Möglichkeit, Messungen über den gesamten Bildverband zu integrieren. Somit wird im Bündelausgleich inhärent eine große effektive Basisbreite zwischen den Kameras erreicht und eine genauere Bestimmung der Kamerakalibrierung ermöglicht.

Die Trilinearitäten stellen eine hinreichende Bedingung für die Korrespondenz dreier Bildpunkte dar. Da sie aber die Kamerakalibrierung von der Schätzung der 3D-Struktur der Szene entkoppeln, ermöglichen sie keine direkte Akkumulation von Verschiebungsinformation. Die erreichbare Genauigkeit ist deshalb geringer als beim Bündelausgleich. Ähnliches gilt bei der Epipolarbedingung zwischen Stereobildern: Diese ist nur eine notwendige Bedingung für die Korrespondenz zweier Bildpunkte und liefert dementsprechend den geringsten Informationsbeitrag für die Selbstkalibrierung.

Allerdings hat die in dieser Arbeit verwendete Form der Epipolarbedingung auch Vorteile in der praktischen Anwendung: Zum einen erfordert sie nur einen vergleichsweise geringen Rechenaufwand für Merkmalsextraktion und Parameterschätzung. Zum anderen benötigt sie keine Starrheitsannahme der betrachteten Szene. Während bei den Trilinearitäten und beim Bündelausgleich vorausgesetzt werden muss, dass sich alle betrachteten Objektpunkte starr zueinander bewegen, verwendet die Epipolarbedingung lediglich räumliche Punktkorrespondenzen zwischen linkem und rechtem Stereobild. Eine Eliminierung von unabhängig bewegten Objekten in der Szene ist deshalb nicht erforderlich. Aus diesem Grund ist es z. B. sinnvoll, eine Kombination von Bündelausgleich und Epipolarbedingung für verschiedene Messungen zu verwenden und damit eine zuverlässigere Selbstkalibrierung zu ermöglichen.

Alle drei geometrischen Bedingungen wurden in einem Gauß-Helmert-Modell formuliert. Durch die einheitliche Modellierung wird erreicht, dass sich die verschiedenen Bedingungsgleichungen leicht in einem Schätzverfahren kombinieren lassen. Außerdem erlaubt das Gauß-Helmert-Modell die Minimierung eines physikalisch relevanten Fehlers, nämlich der Distanz zwischen idealen und gemessenen Punktkoordinaten im Bild. Im Vergleich zu einem rein algebraischen Fehlerkriterium ist so eine deutliche höhere Genauigkeit der Selbstkalibrierung möglich.

Zur kontinuierlichen Selbstkalibrierung wurde in dieser Arbeit ein Iteratives Erweitertes Kalman-Filter (IEKF) für nichtlineare Gauß-Helmert-Modelle entworfen. Das IEKF berechnet sowohl eine Schätzung des gesuchten Systemzustands als auch eine Korrektur der verwendeten Messung, welche als Ausgangspunkt für eine erneute Linearisierung des Beobachtungsmodells und eine anschließende Verbesserung der Zustandsschätzung verwendet werden kann. Experimente in dieser Arbeit zeigen, dass bereits durch eine einzige zusätzliche Linearisierung im Innovationsschritt des Kalman-Filters eine signifikante Verbesserung erreicht werden kann.

Wichtig für die praktische Anwendung der Selbstkalibrierung ist die Robustheit der Schätzung gegenüber vereinzelten großen Messfehlern oder Verletzungen des zugrunde liegenden Modells. Erstere können beispielsweise auftreten, wenn durch periodische Strukturen im Bild fehlerhafte Punktkorrespondenzen extrahiert werden. Letztere entstehen z. B. bei unabhängig bewegten Objekten in der Szene. Um eine robuste Schätzung zu erreichen, wurde in dieser Arbeit ein *random sampling* Verfahren im Innovationsschritt des Kalman-Filters verwendet. Mit Hilfe eines *Least Median of Squares* (LMedS) Schätzers können inkonsistente Messdaten erkannt und eliminiert werden.

Weiterhin wurde in dieser Arbeit ein Verfahren zur stochastischen Beobachtbarkeitsanalyse umgesetzt. Diese Methodik stellt ein hervorragendes Werkzeug für das Filterdesign dar. Sie erlaubt beispielsweise die genaue Untersuchung von verschiedenen Parametrisierungen des Zustandsvektors, einen Vergleich der unterschiedlichen Beobachtungsbedingungen oder eine Bewertung unterschiedlicher Konstellationen der beobachteten Objektpunkte.

Die beschriebenen Verfahren wurden zur Selbstkalibrierung eines statischen Stereosensors im Versuchsfahrzeug des Instituts für Mess- und Regelungstechnik verwendet und zeigen dort gute Ergebnisse. Außerdem wurde im Rahmen dieser Arbeit ein aktives Stereosystem mit unabhängig voneinander drehbaren Kameras aufgebaut. Für einen solchen Sensor ist eine kontinuierliche Selbstkalibrierung unerlässlich. Experimente im Straßenverkehr zeigen, dass der beschriebene Ansatz auch für diese Aufgabe erfolgreich eingesetzt werden kann.

Obschon das vorgestellte Verfahren zur stereoskopischen Selbstkalibrierung in vielen Experimenten bereits gute Ergebnisse liefert, sind noch einige Verbesserungen vorstellbar:

- Damit die Selbstkalibrierung in Zukunft eine aufwändige Offline-Kalibrierung ersetzen kann, müssen neben den in dieser Arbeit bestimmten Kameraparametern auch die Parameter der Linsenverzeichnung ermittelt werden. Prinzipiell ist dies mit den in dieser Arbeit vorgestellten Verfahren und entsprechenden Kameramodellen möglich. Untersuchungen hierzu wurden aber noch nicht durchgeführt.

- Die Implementierung der rekursiven Zustandsschätzung könnte verbessert werden, indem wie bei klassischen Verfahren des Bündelausgleichs die spärliche Besetzung der involvierten Jacobi- und Kovarianzmatrizen explizit berücksichtigt wird, um numerisch effizientere Gleichungen für die Zustandsschätzung zu erhalten. Dies hätte wahrscheinlich eine Verbesserung der Rechenzeit und der numerischen Stabilität des Schätzverfahrens zur Folge.

- Der weitaus größte Anteil der erforderlichen Rechenzeit für die Selbstkalibrierung muss für die Merkmalsextraktion aufgewendet werden. Um dennoch eine Berechnung von z. B. SIFT-Merkmalen mit hohen Taktraten zu ermöglichen, könnte wie in [Sinha u. a. 2006] moderne Grafikkartenhardware (engl. Graphical Processing Units, GPUs) verwendet werden. Alternativ wird von [Grabner u. a. 2006] vorgeschlagen, SIFT-Deskriptoren näherungsweise mit Hilfe von Integralhistogrammen (s. [Porikli 2005]) zu bestimmen. Dieser Ansatz erlaubt eine signifikante Reduzierung des erforderlichen Rechenaufwandes. Eine genauere Untersuchung der Leistungsfähigkeit dieses Verfahrens in der Praxis steht aber noch aus.

- Das beschriebene Verfahren sollte weiter in unterschiedlichen Verkehrs-szenarien getestet werden, wobei für eine kontinuierliche Anwendung im Fahrzeug auch die Einflüsse verschiedener Witterungsbedingungen be-rücksichtigt werden sollten. Vielversprechend ist auch, die kontinuierliche Selbstkalibrierung mit anderen Fahrerassistenzfunktionen zu kombinieren und so beispielsweise bei der Merkmalsextraktion Synergieeffekte auszu-nutzen. Insbesondere wurde im Rahmen dieser Arbeit deutlich, dass die kon-tinuierliche Selbstkalibrierung eng mit der bewegungsbasierten Erkennung von Objekten im Straßenverkehr verknüpft ist.

A Anhang

A.1 Darstellung von Rotationen

Rotationsmatrizen:

Eine Rotationsmatrix $\mathbf{R}$ beschreibt eine Drehung im euklidischen Raum. Die hier aufgeführten Beziehungen werden beispielhaft für Drehungen in $\mathbb{R}^3$ angegeben, obwohl prinzipiell eine Verallgemeinerung für $\mathbb{R}^n, n \geq 2$, möglich ist.

Im dreidimensionalen Raum sind Rotationsmatrizen durch 3×3-Matrizen

$$\mathbf{R} = [\mathbf{r}_1, \mathbf{r}_2, \mathbf{r}_3] \tag{A.1}$$

gegeben. Mit Hilfe einer Rotationsmatrix kann die Drehung eines beliebigen Vektors $\mathbf{X}$ über eine einfache Multiplikation erfolgen: $\mathbf{Y} = \mathbf{RX}$. Rotationsmatrizen sind orthogonal und haben stets die Determinante $+1$:

$$\mathbf{r}_1^{\mathrm{T}}\mathbf{r}_2 = \mathbf{r}_2^{\mathrm{T}}\mathbf{r}_3 = \mathbf{r}_1^{\mathrm{T}}\mathbf{r}_3 = 0 \tag{A.2}$$

$$\|\mathbf{r}_1\| = \|\mathbf{r}_2\| = \|\mathbf{r}_3\| = 1 \tag{A.3}$$

$$\det \mathbf{R} = 1 \,. \tag{A.4}$$

Eine Rotationsmatrix in $\mathbb{R}^3$ besitzt demnach drei Freiheitsgrade. In dieser Arbeit werden *Rotationsvektoren* $\boldsymbol{\omega} = (\omega_X, \omega_Y, \omega_Z)^{\mathrm{T}}$ und *Euler-* bzw. *Gier-, Nick- und Wankwinkel* $(\Psi, \Phi, \Theta)^{\mathrm{T}}$ zur Repräsentation von Rotationen verwendet.

Rotationsvektoren:

Rotationsvektoren spezifizieren Achse und Winkel einer Drehung in kompakter Form. Zerlegt man $\boldsymbol{\omega}$ in seinen Betrag $\theta = \|\boldsymbol{\omega}\|$ und seine Richtung $\mathbf{n} = \boldsymbol{\omega}/\|\boldsymbol{\omega}\|$, so gibt $\mathbf{n}$ die Drehachse und θ den Drehwinkel der Rotation an.

Um einen Rotationsvektor $\boldsymbol{\omega}$ in eine Rotationsmatrix $\mathbf{R}$ zu überführen, kann die *Rodriguesformel* (z. B. [Hartley u. Zisserman 2002, S. 585]) verwendet werden:

$$\mathbf{R} = \mathbf{Rot}\,(\boldsymbol{\omega}) = \mathbf{I} + \sin\theta\,[\mathbf{n}]_\times + (1 - \cos\theta)\,[\mathbf{n}]_\times^2 \,. \tag{A.5}$$

Der Operator $[\mathbf{n}]_\times$ bezeichnet dabei die Abbildung des Vektors $\mathbf{n}$ auf eine antisymmetrische Matrix:

$$[\mathbf{n}]_\times = \begin{bmatrix} n_X \\ n_Y \\ n_Z \end{bmatrix}_\times = \begin{bmatrix} 0 & -n_Z & n_Y \\ n_Z & 0 & -n_X \\ -n_Y & n_X & 0 \end{bmatrix}. \tag{A.6}$$

Durch die einfache Form der Gl. (A.5) sind Rotationsvektoren leicht handhabbar.

Gier-, Nick- und Wankwinkel:

Bei einer Darstellung in Euler- bzw. Gier-, Nick- und Wankwinkeln (engl. *yaw-pitch-roll*) werden Rotationen als Verkettung von Drehungen um die Achsen des verwendeten Koordinatensystems dargestellt. Der Gierwinkel bezeichnet dabei die Drehung um die Hochachse (in dieser Arbeit um die Y-Achse des Koordinatensystems). Nick- und Wankwinkel geben Drehungen um die X- und Z-Achse an.

In der vorliegenden Arbeit wird die Reihenfolge der Verkettung wie folgt festgelegt:

$$\mathbf{R} = \mathbf{Rot}\,(\Psi, \Phi, \Theta) = \mathbf{R}_Z(\Theta) \cdot \mathbf{R}_X(\Phi) \cdot \mathbf{R}_Y(\Psi), \tag{A.7}$$

wobei

$$\mathbf{R}_X(\Phi) = \begin{bmatrix} 1 & 0 & 0 \\ 0 & \cos\Phi & -\sin\Phi \\ 0 & \sin\Phi & \cos\Phi \end{bmatrix}, \quad \mathbf{R}_Y(\Psi) = \begin{bmatrix} \cos\Psi & 0 & \sin\Psi \\ 0 & 1 & 0 \\ -\sin\Psi & 0 & \cos\Psi \end{bmatrix},$$

$$\mathbf{R}_Z(\Theta) = \begin{bmatrix} \cos\Theta & -\sin\Theta & 0 \\ \sin\Theta & \cos\Theta & 0 \\ 0 & 0 & 1 \end{bmatrix}. \tag{A.8}$$

Für das Modell aktiver Kameras Gln. (2.21)–(2.24) hat diese Wahl den Vorteil, dass eine Rotation $\mathbf{Rot}\,(\Psi, 0, \Theta)$ die optische Achse (also die Z-Achse des gedrehten Koordinatensystems) stets in der X-Z-Ebene des ursprünglichen Koordinatensystems belässt (Bild 2.5b). Ein Nachteil von Eulerwinkeln gegenüber einer Darstellung mit Rotationsvektoren ist der sog. *gimbal lock* (s. z. B. [Grassia 1998]), d. h. auch bei einer Beschränkung auf den Winkelbereich zwischen 0 und 2π ist die Umwandlung von Rotationsmatrizen in Eulerwinkel nicht in allen Fällen eindeutig.

Hilfreiche Formeln:

- Inverse einer Rotationsmatrix:

$$\mathbf{R}^{-1} = \mathbf{R}^{\mathrm{T}} \tag{A.9}$$

- Bestimmung einer zulässigen Rotationsmatrix $\mathbf{R}$ mit den Eigenschaften Gln. (A.2)–(A.4) aus einer fehlerbehafteten Schätzung $\hat{\mathbf{R}}$ der Rotationsmatrix: Diese Aufgabe entspricht dem *orthogonalen Prokrustes Problem* [Golub u. Loan 1996, S. 601] und wird durch

$$\mathbf{R} = \mathbf{U}\mathbf{V}^{\mathrm{T}} \tag{A.10}$$

  gelöst, wobei $\mathbf{U}$ und $\mathbf{V}$ aus der Singulärwertzerlegung $\hat{\mathbf{R}} = \mathbf{U}\mathbf{D}\mathbf{V}^{\mathrm{T}}$ bestimmt werden. Zusätzlich muss die Bedingung $\det\mathbf{R} = +1$ überprüft werden.

- Bestimmung der Rotationsachse $\mathbf{n}$ aus $\mathbf{R}$: Die Rotationsachse $\mathbf{n}$ ist der Eigenvektor der Matrix $\mathbf{R}$ zum Eigenwert $\lambda = 1$:

$$\mathbf{R}\mathbf{n} = \mathbf{n}\,. \tag{A.11}$$

- Bestimmung des Rotationswinkels θ aus $\mathbf{R}$ und $\mathbf{n}$ (s. [Hartley u. Zisserman 2002, S. 584f]):

$$\tan\theta = \frac{\mathbf{n}^{\mathrm{T}}(R_{32}-R_{23},\, R_{13}-R_{31},\, R_{21}-R_{12})^{\mathrm{T}}}{\mathrm{tr}(\mathbf{R}) - 1}\,. \tag{A.12}$$

A.2   Genauigkeitsabschätzung der Korrespondenzanalyse

Zur Abschätzung der Messunsicherheit bei der in Kapitel 3.2 dargestellten merkmalsbasierten Verschiebungsmessung, wird hier ein gradientenbasierter Ansatz (s. z. B. [Förstner 1993]) gewählt. Dazu nehmen wir an, dass g_1 und g_2 zwei um den Vektor $\Delta\mathbf{x}$ verschobene, korrespondierende Bildfunktionen beschreiben. Nach Bereinigung um die Mittelwerte $\bar{g}_1$ und $\bar{g}_2$ gilt:

$$g_1(\mathbf{x})-\bar{g}_1 = g_2(\mathbf{x} + \Delta\mathbf{x})-\bar{g}_2 + e(\mathbf{x})\,, \tag{A.13}$$

wobei der zufällige Intensitätsfehler e als mittelwertfrei und normalverteilt mit Standardabweichung σ angenommen wird, $e \sim \mathrm{N}(0,\sigma^2)$. Durch Linearisierung von Gl. (A.13) um den Arbeitspunkt $\mathbf{x}$ erhält man

$$[g_1(\mathbf{x})-\bar{g}_1] - [g_2(\mathbf{x})-\bar{g}_2] \approx \nabla g_2(\mathbf{x}) \cdot \Delta\mathbf{x} + e(\mathbf{x})\,. \tag{A.14}$$

Wird nun eine Bildregion $\mathcal{B} = \{\mathbf{x}_1 \ldots \mathbf{x}_B\}$ betrachtet, so ist durch eine Ausgleichsrechnung die Bestimmung von $\Delta\mathbf{x}$ aus Gl. (A.14) möglich. Unter der Annahme, dass die auftretenden Messfehler in $\mathcal{B}$ unkorreliert sind, ergibt die Methode der kleinsten Fehlerquadrate die optimale 2D-Verschiebung $\Delta\hat{\mathbf{x}}$ und deren Kovarianz (z. B. [Förstner 1993; Niemeier 2002]):

$$\Delta\hat{\mathbf{x}} = \left(\mathbf{H}^\mathrm{T}\mathbf{H}\right)^{-1}\mathbf{H}^\mathrm{T}\mathbf{y}\,, \tag{A.15}$$

$$\mathbf{\Sigma}_{\hat{\mathbf{x}}\hat{\mathbf{x}}} = \sigma^2\left(\mathbf{H}^\mathrm{T}\mathbf{H}\right)^{-1}\,, \tag{A.16}$$

wobei die Designmatrix $\mathbf{H}$ und der Beobachtungsvektor $\mathbf{y}$ durch:

$$\mathbf{H} = \begin{bmatrix} \frac{\partial g_2(\mathbf{x}_1)}{\partial x} & \frac{\partial g_2(\mathbf{x}_1)}{\partial y} \\ \vdots & \vdots \\ \frac{\partial g_2(\mathbf{x}_N)}{\partial x} & \frac{\partial g_2(\mathbf{x}_B)}{\partial y} \end{bmatrix}, \quad \mathbf{y} = \begin{bmatrix} (g_1(\mathbf{x}_1)-\bar{g}_1)-(g_2(\mathbf{x}_1)-\bar{g}_2) \\ \vdots \\ (g_1(\mathbf{x}_B)-\bar{g}_1)-(g_2(\mathbf{x}_B)-\bar{g}_2) \end{bmatrix} \tag{A.17}$$

gegeben sind. [1]

Da die Zuordnung extrahierter Merkmale bereits im vorangehenden Schritt bestimmt wurde, sollte $\Delta\hat{\mathbf{x}} = \mathbf{0}$ gelten. Wir beschränken uns daher auf die Berechnung der Kovarianz nach Gl. (A.16). Für diese ist lediglich noch die Größe σ^2 zu bestimmen, welche mit Hilfe der empirischen Varianz $\hat{s}^2$ abgeschätzt werden kann:

$$\sigma^2 \approx \hat{s}^2 = \frac{1}{B-2}\sum_{i=1}^{B}\left(g_1\left(\mathbf{x}_i\right) - g_2\left(\mathbf{x}_i\right)\right)^2\,. \tag{A.18}$$

Mit Gln. (A.16) und (A.18) ist die Angabe einer Lokalisierungsunsicherheit für alle gefundenen Korrespondenzen möglich. Da für die Berechnung der Kovarianzen Zwischenergebnisse der Eckendetektion aus Gl. (3.1) wiederverwertet werden können, ist der Mehraufwand der Unsicherheitsabschätzung gering. Ein Beispiel der beschriebenen Genauigkeitsuntersuchung bei einer typischen Verkehrsszene ist in Bild 3.4 auf Seite 39 zu finden.

---

[1] In [Haußecker u. Spies 1999] wird gezeigt, dass der herkömmliche Kleinste-Quadrate-Ansatz entsprechend Gl. (A.16) dem sog. *Total Least Squares (TLS)*-Schätzverfahren bei hohem Messrauschen und kleinen Verschiebungen unterlegen ist. Zielstellung dieses Abschnitts ist jedoch lediglich eine Abschätzung der Lokalisierungsunsicherheit und nicht eine gradientenbasierten Verschiebungsschätzung im eigentlichen Sinne. Somit scheint die Verwendung von Gl. (A.16) an dieser Stelle gerechtfertigt.

A.3   Differentiation von Funktionen mehrerer Veränderlicher

Der Großteil der in dieser Arbeit vorgestellten Verfahren zur Selbstkalibrierung basiert auf linearen Schätzalgorithmen. Da jedoch die Projektions- und Bewegungsgleichungen des betrachteten Kamerasystems zumeist nichtlinearer Natur sind, ist in vielen Fällen eine Linearisierung erforderlich. Die lineare Approximation einer Vektorfunktion mehrerer Veränderlicher erfolgt mit Hilfe der *Jacobi-Matrix*: Sei $\mathbf{f} : \mathbb{R}^M \to \mathbb{R}^N$ eine im Punkt $\mathbf{x}_0 \in \mathbb{R}^M$ differenzierbare Vektorfunktion, so ist die Jacobi-Matrix $\mathbf{F}_{\mathbf{x}_0}$ an der Position $\mathbf{x}_0$ gegeben durch:

$$\mathbf{F}_{\mathbf{x}_0} = \left. \frac{\partial \mathbf{f}}{\partial \mathbf{x}} \right|_{x_0} = \left. \begin{bmatrix} \frac{\partial f_1}{\partial x_1} & \frac{\partial f_1}{\partial x_2} & \cdots & \frac{\partial f_1}{\partial x_M} \\ \frac{\partial f_2}{\partial x_1} & \frac{\partial f_2}{\partial x_2} & \cdots & \frac{\partial f_2}{\partial x_M} \\ \vdots & \vdots & \vdots & \vdots \\ \frac{\partial f_N}{\partial x_1} & \frac{\partial f_N}{\partial x_2} & \cdots & \frac{\partial f_N}{\partial x_M} \end{bmatrix} \right|_{x_0} . \tag{A.19}$$

Die i-te Zeile der Jacobi-Matrix entspricht dabei dem Gradienten der entsprechenden Komponentenfunktion f_i. Die j-te Spalte ist der Tangentenvektor an die Kurve $\mathbf{f}(\mathbf{x}_0 + \lambda \mathbf{e}_j)$, wobei $\mathbf{e}_j$ den j-ten Einheitsvektor bezeichnet. Mit der Jacobi-Matrix ist eine Taylor-Approximation erster Ordnung der Funktion $\mathbf{f}$ um einen Arbeitspunkt $\mathbf{x}_0$ gegeben,

$$\mathbf{f}(\mathbf{x}) \approx \mathbf{f}(\mathbf{x}_0) + \mathbf{F}_{\mathbf{x}_0} (\mathbf{x} - \mathbf{x}_0) . \tag{A.20}$$

Die sorgfältige Implementierung von Jacobi-Matrizen ist ein wichtiger und u.U. aufwändiger Bestandteil der Umsetzung von Optimierungsverfahren im Rechner. Aus diesem Grund werden im Folgenden wichtige Regeln der Vektor- und Matrizendifferentialrechnung zusammengefasst.

Kettenregel. Seien $\mathbf{f} : \mathbb{R}^M \to \mathbb{R}^N$ und $\mathbf{g} : \mathbb{R}^N \to \mathbb{R}^K$ zwei differenzierbare Funktionen, so gilt:

$$\frac{\partial \mathbf{g}(\mathbf{f}(\mathbf{x}))}{\partial \mathbf{x}} = \frac{\partial \mathbf{g}}{\partial \mathbf{f}} \cdot \frac{\partial \mathbf{f}}{\partial \mathbf{x}} . \tag{A.21}$$

Produktregel.

$$\frac{\partial \mathbf{g}(\mathbf{x}) \, \mathbf{f}(\mathbf{x})}{\partial \mathbf{x}} = \frac{\partial \mathbf{g}}{\partial \mathbf{x}} \mathbf{f}(\mathbf{x}) + \mathbf{g}(\mathbf{x}) \frac{\partial \mathbf{f}}{\partial \mathbf{x}} . \tag{A.22}$$

Differentiation von Matrizen. In der vorliegenden Arbeit müssen zur Implementierung der Schätzalgorithmen oftmals Matrizen differenziert werden, beispielsweise wird die Ableitung einer Rotationsmatrix $\mathbf{R}$ nach ihren drei Freiheitsgraden

Ψ, Φ und Θ benötigt. Zwar wird in der Matrizenalgebra eine solche Ableitung allgemein als Tensor vierter Ordnung eingeführt, für die praktische Anwendung erscheint es jedoch zweckmäßiger, den vec-Operator zu verwenden und die Ableitung auch in diesem Fall als Jacobi-Matrix zu repräsentieren.

Der vec-Operator wird wie folgt definiert: Sei $\mathbf{A} = [\mathbf{a}_1\, \mathbf{a}_2 \ldots \mathbf{a}_q]$ eine $p{\times}q$-Matrix. Dann erzeugt der vec-Operator aus $\mathbf{A}$ einen Spaltenvektor der Länge pq durch „Stapeln" der Spalten von $\mathbf{A}$:

$$\mathrm{vec}\,(\mathbf{A}) = \begin{bmatrix} \mathbf{a}_1 \\ \mathbf{a}_2 \\ \vdots \\ \mathbf{a}_q \end{bmatrix}. \tag{A.23}$$

Damit wird die Jacobi-Matrix einer $n \times m$-Matrix $\mathbf{A}$ in Abhängigkeit einer $p \times q$-Matrix $\mathbf{B}$ formal als

$$\frac{\partial\,\mathrm{vec}\,(\mathbf{A})}{\partial\,\mathrm{vec}\,(\mathbf{B})} = \begin{bmatrix} \frac{\partial A_{11}}{\partial\,\mathrm{vec}(\mathbf{B})} \\ \frac{\partial A_{21}}{\partial\,\mathrm{vec}(\mathbf{B})} \\ \vdots \\ \frac{\partial A_{nm}}{\partial\,\mathrm{vec}(\mathbf{B})} \end{bmatrix} = \begin{bmatrix} \frac{\partial A_{11}}{\partial B_{11}} & \frac{\partial A_{11}}{\partial B_{21}} & \cdots & \frac{\partial A_{11}}{\partial B_{pq}} \\ \frac{\partial A_{21}}{\partial B_{11}} & \frac{\partial A_{21}}{\partial B_{21}} & \cdots & \frac{\partial A_{21}}{\partial B_{pq}} \\ \vdots & & & \\ \frac{\partial A_{nm}}{\partial B_{11}} & \frac{\partial A_{nm}}{\partial B_{21}} & \cdots & \frac{\partial A_{nm}}{\partial B_{pq}} \end{bmatrix} \tag{A.24}$$

definiert. Im Besonderen gilt: $\partial\,\mathrm{vec}\,(\mathbf{A})\,/\,\partial\,\mathrm{vec}\,(\mathbf{A}) = \mathbf{I}_{nm \times nm}$.

Differentiation von Produkten von Matrizen. Die numerische Differentiation des Produktes zweier Matrizen $\mathbf{A}$ und $\mathbf{B}$ nach den einzelnen Elementen der Matrizen erscheint zunächst als triviale Aufgabe: Da das Matrizenprodukt $\mathbf{AB}$ linear in den Elementen von $\mathbf{A}$ und $\mathbf{B}$ ist, kann eine exakte Berechnung der Ableitung über einen finiten Differenzenquotienten erfolgen. Bei hochdimensionalen Optimierungsproblemen ist eine solche Vorgehensweise aber u. U. sehr aufwändig, und es empfiehlt sich deshalb eine algebraische Bestimmung der Jacobi-Matrix.

Als formales Hilfsmittel zur Berechnung der Ableitung bietet sich dabei das *Kronecker-Produkt* an. Das Kronecker-Produkt zweier beliebiger Matrizen $\mathbf{A}$ und $\mathbf{B}$ ist definiert als

$$\mathbf{A} \otimes \mathbf{B} = \begin{bmatrix} A_{11}\mathbf{B} & A_{12}\mathbf{B} & \ldots & A_{1m}\mathbf{B} \\ A_{21}\mathbf{B} & A_{22}\mathbf{B} & \ldots & A_{2m}\mathbf{B} \\ \vdots & \vdots & \vdots & \vdots \\ A_{n1}\mathbf{B} & A_{n2}\mathbf{B} & \ldots & A_{nm}\mathbf{B} \end{bmatrix}. \tag{A.25}$$

Dabei gilt folgende wichtige Identität:

$$\mathrm{vec}\,(\mathbf{AXB}) = \left(\mathbf{B}^{\mathrm{T}} \otimes \mathbf{A}\right) \mathrm{vec}\,(\mathbf{X})\,, \tag{A.26}$$

woraus direkt folgt

$$\operatorname{vec}\left(\mathbf{AB}\right) = \left(\mathbf{I} \otimes \mathbf{A}\right)\operatorname{vec}\left(\mathbf{B}\right) = \left(\mathbf{B}^{\mathrm{T}} \otimes \mathbf{I}\right)\operatorname{vec}\left(\mathbf{A}\right) \ . \tag{A.27}$$

Um die Nützlichkeit des Kronecker-Produktes zu veranschaulichen, betrachten wir folgendes einfaches Beispiel: Gegeben seien drei Matrizen $\mathbf{A}$, $\mathbf{B}$ und $\mathbf{R}(\mathbf{x})$, wobei $\mathbf{R}(\mathbf{x})$ von einem Vektor $\mathbf{x}$ abhängig sein soll ($\mathbf{R}$ könnte also beispielsweise eine Rotationsmatrix mit den Freiheitsgraden $\mathbf{x}$ repräsentieren). Unter Verwendung der angegebenen Identität (A.26) lässt sich die Ableitung des Matrizenproduktes $\mathbf{AR}(\mathbf{x})\mathbf{B}$ nach dem Vektor $\mathbf{x}$ einfach berechnen:

$$
\begin{aligned}
\frac{\partial \operatorname{vec}\left(\mathbf{AR}(\mathbf{x})\mathbf{B}\right)}{\partial \mathbf{x}} &= \frac{\partial \operatorname{vec}\left(\mathbf{ARB}\right)}{\partial \operatorname{vec}\left(\mathbf{R}\right)} \cdot \frac{\partial \operatorname{vec}\left(\mathbf{R}\right)}{\partial \mathbf{x}} \\
&= \left(\mathbf{B}^{\mathrm{T}} \otimes \mathbf{A}\right) \cdot \frac{\partial \operatorname{vec}\left(\mathbf{R}\right)}{\partial \operatorname{vec}\left(\mathbf{R}\right)} \cdot \frac{\partial \operatorname{vec}\left(\mathbf{R}\right)}{\partial \mathbf{x}} \\
&= \left(\mathbf{B}^{\mathrm{T}} \otimes \mathbf{A}\right) \cdot \frac{\partial \operatorname{vec}\left(\mathbf{R}\right)}{\partial \mathbf{x}} \ .
\end{aligned}
$$

Weitere wichtige Formeln zur Vektor- und Matrizendifferentialrechnung sind in Tabelle A.1 zusammengefasst.

A.4   Verfahren zur rekursiven Zustandsschätzung

Allgemein ist eine Unterteilung der Parameterschätzverfahren nach den verschiedenen Kriterien der Optimalität möglich, welche sie zur Bestimmung einer „besten" Schätzung verwenden. Die wichtigsten Kategorien dabei sind:

- *Beste erwartungstreue Schätzung*: Die beste erwartungstreue Schätzung $\hat{\mathbf{z}}$ einer unbekannten Größe $\mathbf{z}$ erfüllt zwei Forderungen: Die Schätzung ist biasfrei (d. h. $\mathrm{E}\{\hat{\mathbf{z}} - \mathbf{z}\} = \mathbf{0}$) und liefert einen Schätzfehler mit minimaler Varianz (d. h. die Spur der Kovarianzmatrix $\mathrm{tr}[\mathrm{Cov}\{\hat{\mathbf{z}} - \mathbf{z}\}]$ ist minimal).

- *Methode der kleinsten Quadrate*: Hier wird der Zustandsparameter $\hat{\mathbf{z}}$ bestimmt, für welchen die Quadratsumme der Abweichung zwischen der Messung $\hat{\mathbf{x}}$ und der erwarteten Beobachtung $\mathbf{h}(\hat{\mathbf{z}})$ minimal wird. Die zu minimierende Quadratsumme ist durch $[\hat{\mathbf{x}} - \mathbf{h}(\hat{\mathbf{z}})]^{\mathrm{T}}\boldsymbol{\Sigma}^{-1}[\hat{\mathbf{x}} - \mathbf{h}(\hat{\mathbf{z}})]$ gegeben, wobei $\boldsymbol{\Sigma}$ eine geeignete Gewichtsmatrix bezeichnet.

Lineare Formen:

$$\frac{\partial\, \mathbf{a}^{\mathrm{T}}\mathbf{x}}{\partial\, \mathbf{x}} = \frac{\partial\, \mathbf{x}^{\mathrm{T}}\mathbf{a}}{\partial\, \mathbf{x}} = \mathbf{a}^{\mathrm{T}}$$

$$\frac{\partial\, \mathbf{A}\mathbf{x}}{\partial\, \mathbf{x}} = \mathbf{A}$$

Quadratische Formen:

$$\frac{\partial \mathbf{x}^{\mathrm{T}}\mathbf{A}\mathbf{x}}{\partial \mathbf{x}} = \mathbf{x}^{\mathrm{T}}(\mathbf{A}^{\mathrm{T}} + \mathbf{A})$$

$$\frac{\partial \mathbf{a}^{\mathrm{T}}\mathbf{X}\mathbf{b}}{\partial \operatorname{vec}(\mathbf{X})} = \operatorname{vec}\left(\mathbf{a}\mathbf{b}^{\mathrm{T}}\right)^{\mathrm{T}} = \mathbf{b}^{\mathrm{T}} \otimes \mathbf{a}^{\mathrm{T}}$$

Sonstige wichtige Beziehungen:

$$\frac{\partial \mathbf{Y}^{-1}}{\partial x} = -\mathbf{Y}^{-1}\frac{\partial \mathbf{Y}}{\partial x}\mathbf{Y}^{-1}$$

$$\frac{\partial \mathbf{a}^{\mathrm{T}}\mathbf{X}^{-1}\mathbf{b}}{\partial \mathbf{X}} = -\mathbf{X}^{-T}\mathbf{a}\mathbf{b}^{\mathrm{T}}\mathbf{X}^{-T}$$

$$\frac{\partial \det(\mathbf{X})}{\partial \operatorname{vec}(\mathbf{X})} = \operatorname{vec}\left(\det(\mathbf{X})\mathbf{X}^{-T}\right)^{\mathrm{T}}$$

Tabelle A.1: Formeln zur Matrizen- und Vektordifferentialrechnung.

- *Maximum Likelihood Schätzung*: Die Maximum Likelihood Methode geht davon aus, dass die Likelihood $p\,(\mathbf{x}|\mathbf{z})$, also die Wahrscheinlichkeitsdichtefunktion der Beobachtungen $\mathbf{x}$ bei gegebenem Zustand $\mathbf{z}$, bekannt ist. Optimaler Zustandsvektor ist hier derjenige, für welchen die Likelihood einer gegebenen Messung $\hat{\mathbf{x}}$ maximal wird.

- *Maximum a posteriori Schätzung*: Ist vor einer Schätzung Information über den gesuchten Zustandsvektor in Form einer *a priori* Wahrscheinlichkeitsdichte $p\,(\mathbf{z})$ gegeben, so kann mit Hilfe der Likelihood und dem Satz von Bayes die *a posteriori* Wahrscheinlichkeitsdichtefunktion $p\,(\mathbf{z}|\mathbf{x})$ berechnet werden:

$$p\,(\mathbf{z}|\mathbf{x}) = c\,p\,(\mathbf{x}|\mathbf{z})\,p\,(\mathbf{z})\ . \tag{A.28}$$

c bezeichnet dabei eine Normierungskonstante, die $\int p\left(\mathbf{z}|\mathbf{x}\right)d\mathbf{z}=1$ sicherstellt. Das Maximum dieser Wahrscheinlichkeitsdichte bei einer gegebenen Messung $\hat{\mathbf{x}}$ definiert den Maximum *a posteriori* Schätzwert.

Für die kontinuierliche Selbstkalibrierung in dieser Arbeit sind besonders rekursive Schätzverfahren interessant. In [Fox u. a. 2003; Thrun u. a. 2005] wird gezeigt, dass eine allgemeine Form eines rekursiven Schätzers für zeitdiskrete Systeme durch das *Bayes-Filter* gegeben ist. Das Bayes-Filter ist ein Maximum *a posteriori* Schätzverfahren und maximiert

$$p\left(\mathbf{z}_k|\hat{\mathbf{x}}_k,\dots,\hat{\mathbf{x}}_1\right) = c\,p\left(\hat{\mathbf{x}}_k|\mathbf{z}_k\right)\,p\left(\mathbf{z}_k|\hat{\mathbf{x}}_{k-1},\dots,\hat{\mathbf{x}}_1\right) \tag{A.29}$$

für gegebene Beobachtungen $\hat{\mathbf{x}}_1\dots\hat{\mathbf{x}}_k$. Dabei wurde angenommen, dass das betrachteten System die Markoff-Eigenschaft erfüllt und der aktuelle Zustand $\mathbf{z}_k$ somit alle relevante Information für den Zeitpunkt k enthält. Insbesondere folgt aus dieser Annahme, dass $\mathbf{z}_k$ nur von seinem direkten Vorgänger $\mathbf{z}_{k-1}$ abhängig ist. Außerdem ist eine Beobachtung $\mathbf{x}_k$ lediglich durch den aktuellen Zustand $\mathbf{z}_k$ bestimmt: $p\left(\hat{\mathbf{x}}_k|\mathbf{z}_k,\hat{\mathbf{x}}_{k-1},\dots,\hat{\mathbf{x}}_1\right)=p\left(\hat{\mathbf{x}}_k|\mathbf{z}_k\right)$. Wendet man das Theorem der totalen Wahrscheinlichkeit an, so ergibt sich die rekursive Beziehung

$$p\left(\mathbf{z}_k|\hat{\mathbf{x}}_k,\dots,\hat{\mathbf{x}}_1\right) = c\,p\left(\hat{\mathbf{x}}_k|\mathbf{z}_k\right)\int p\left(\mathbf{z}_k|\mathbf{z}_{k-1}\right)\,p\left(\mathbf{z}_{k-1}|\hat{\mathbf{x}}_{k-1},\dots,\hat{\mathbf{x}}_1\right)d\mathbf{z}_{k-1}\,.$$

$$\tag{A.30}$$

Das Bayes-Filter kann z. B. für orts- und zeitdiskrete Zustände $\mathbf{z}_k$ direkt angewendet werden. Gebräuchlicher sind allerdings folgende Spezialisierungen des allgemeinen Ansatzes:

- *Kalman-Filter*: Kalman-Filter können als Spezialfall eines Bayes-Filters betrachtet werden, bei dem das betrachtete System linear ist und die Likelihood-Funktionen als unimodal und gaußverteilt angenommen werden können. Sie lassen sich also vollständig durch zwei Größen — Erwartungswert und Kovarianz — beschreiben. Sind alle diese Voraussetzungen erfüllt, so liefert das Kalman-Filter optimale Schätzergebnisse im Sinne aller oben angegebenen Kriterien. Liegt keine Gaußverteilung vor, so ist das Kalman-Filter noch immer das beste *lineare* erwartungstreue Filter minimaler Varianz.

- *Erweitertes Kalman-Filter*: Ist das betrachtete System nichtlinear, d. h. weist es insbesondere ein nichtlineares Beobachtungsmodell auf, so wird beim Erweiterten Kalman-Filter eine Taylorapproximation vorgenommen. Für das resultierende linearisierte System kann analog zum Kalman-Filter ein rekursives Schätzverfahren angegeben werden.

- *Unscented Kalman Filter*: Das *Unscented Kalman Filter* kann ebenfalls für nichtlineare Systeme eingesetzt werden. Allerdings wird hier keine Taylorapproximation sondern eine *Unscented Transform* [Julier u. Uhlmann 1997] verwendet, bei der eine zu linearisierende Funktion an charakteristischen Punkten ausgewertet wird. *Unscented Kalman Filter* können bei einigen nichtlinearen Problemen höhere Genauigkeit als Erweiterte Kalman-Filter erreichen. Bei Experimenten im Rahmen der vorliegenden Arbeit brachte das *Unscented Kalman Filter* aber keine signifikante Verbesserung für die kontinuierliche Selbstkalibrierung gegenüber einem Iterativen Erweiterten Kalman-Filter. Da das *Unscented Kalman Filter* außerdem einen höheren Rechenaufwand erfordert, wurde es hier nicht weiter beschrieben.

- *Multihypothesen-Kalman-Filter*: Bei Multihypothesen-Kalman-Filtern werden die Likelihoods als Gauß'sche Mischverteilungen, also als gewichtete Summen von gaußverteilten Zufallsvariablen, modelliert. Für die Praxis ergibt sich daraus der wichtige Vorteil, dass auch multimodale Wahrscheinlichkeitsdichten behandelt werden können.

- *Partikelfilter*: Bei Partikelfiltern werden die Likelihoods durch eine Menge von Partikeln repräsentiert. Partikelfilter eignen sich damit theoretisch für beliebige Verteilungsdichtefunktionen, erfordern aber einen deutlich höheren Rechenaufwand als parametrische Ansätze.

Literaturverzeichnis

[Abraham 2000] ABRAHAM, Steffen: *Kamera-Kalibrierung und metrische Auswertung monokularer Bildfolgen*, Universität Bonn, Diss., 2000

[Aschwanden u. Guggenbühl 1992] ASCHWANDEN, P. ; GUGGENBÜHL, W.: Experimental Results from a Comparative Study on Correlation-Type Registration Algorithms. In: FÖRSTNER (Hrsg.) ; RUWIEDEL (Hrsg.): *Robust Computer Vision*. Wichmann, 1992, S. 268–282

[Azarbayejani u. Pentland 1995] AZARBAYEJANI, A. ; PENTLAND, A.P.: Recursive Estimation of Motion, Structure, and Focal Length. In: *IEEE Transactions on Pattern Analysis and Machine Intelligence* 17 (1995), S. 562–575

[Bachmann u. Dang 2006] BACHMANN, A. ; DANG, T.: Object Detection Based on Spatio-Temporal Consistency. In: *IEEE Conference on Intelligent Transportation Systems*. Toronto, September 2006

[Bansal u. a. 2005] BANSAL, Mayank ; JAIN, Aastha ; CAMUS, Theodore ; DAS, Aveek: Towards a Practical Stereo Vision Sensor. In: *IEEE Conference on Computer Vision and Pattern Recognition - Workshops*, 2005, S. 63ff

[Barron u. a. 1994] BARRON, J.L. ; FLEET, D.J. ; BEAUCHEMIN, S.: Performance of optical flow techniques. In: *International Journal of Computer Vision* 12 (1994), Nr. 1, S. 43–77

[Belongie u. a. 2002] BELONGIE, S. ; MALIK, J. ; PUZICHA, J.: Shape Matching and Object Recognition Using Shape Contexts. In: *IEEE Transactions on Pattern Analysis and Machine Intelligence* 2 (2002), Nr. 4, S. 509–522

[Bjorkman u. Eklundh 2002] BJORKMAN, M. ; EKLUNDH, J.O.: Real-Time Epipolar Geometry Estimation of Binocular Stereo Heads. In: *IEEE Transactions on Pattern Analysis and Machine Intelligence* 24 (2002), Nr. 3, S. 425–432

[Böhringer 2002] BÖHRINGER, Frank: Fahrzeugaufbau Umfelderfassung / Universität Karlsruhe (TH). 2002 (AV 7/02). – Abschlußbericht zum Fahrzeugaufbau Umfelderfassung

[Brown 1971] BROWN, D.C.: Lens Distortion for Close-Range Photogrammetry. In: *Photometric Engineering* 37 (1971), Nr. 8, S. 855–866

[Dang u. Hoffmann 2006] DANG, T. ; HOFFMANN, C.: Tracking Camera Parameters of an Active Stereo Rig. In: *28th Annual Symposium of the German Association for Pattern Recognition (DAGM 2006)*. Berlin, September 12-14 2006

[Dang u. a. 2006a] DANG, T. ; HOFFMANN, C. ; STILLER, C.: Self-calibration for Active Automotive Stereo Vision. In: *IEEE Intelligent Vehicle Symposium*. Tokio, 2006

[Dang u. a. 2006b] DANG, T. ; KAMMEL, S. ; DUCHOW, C. ; HUMMEL, B. ; STILLER, C.: Path Planning for Autonomous Driving Based on Stereoscopic and Monoscopic Vision Cues. In: *IEEE Conference on Multisensor Fusion and Integration for Intelligent Machines*. Heidelberg, September 2006

[Dang u. Hoffmann 2004] DANG, Thao ; HOFFMANN, Christian: Stereo Calibration in Vehicles. In: *IEEE Intelligent Vehicle Symposium*. Parma, Italy, June 2004, S. 268–273

[Dang u. Hoffmann 2005] DANG, Thao ; HOFFMANN, Christian: Fast Object Hypotheses Generation Using 3D Position and 3D Motion. In: *IEEE Conference on Computer Vision and Pattern Recognition - Workshops*, 2005

[Dang u. a. 2002] DANG, Thao ; HOFFMANN, Christian ; STILLER, Christoph: Fusing Optical Flow and Stereo Disparity for Object Tracking. In: *IEEE Conference on Intelligent Transportation Systems*. Singapore, 2002, S. 112–117

[Dang u. a. 2004] DANG, Thao ; HOFFMANN, Christian ; STILLER, Christoph: Visuelle mobile Wahrnehmung durch Fusion von Disparität und Verschiebung. In: MAURER, Markus (Hrsg.) ; STILLER, Christoph (Hrsg.): *Fahrerassistenzsysteme*. Springer Verlag, 2004, S. 21–42

[Das u. Ahuja 1995] DAS, Subhodev ; AHUJA, Narendra: Performance Analysis of Stereo, Vergence, and Focus as Depth Cues for Active Vision. In: *IEEE Transactions on Pattern Analysis and Machine Intelligence* 17 (1995), Nr. 12, S. 1213–1219

[Denham u. Pines 1966] DENHAM, F. ; PINES, S.: Sequential estimation when measurement function nonlinearity is comparable to measurement error. In: *American Institute of Aeronautics and Astronautics Journal* 4 (1966), S. 1071–1076

[Dickmanns 2002] DICKMANNS, E.D.: The development of machine vision for road vehicles in the last decade. In: *IEEE Intelligent Vehicle Symposium*. Versailles, France, 2002, S. 268 – 281

[Doyle 1966] *Kapitel* Analytical Photogrammetry. In: DOYLE, Frederick J.: *Manual of Photogrammetry*. American Society of Photogrammetry, 1966, S. 461–513

[Duchow 2003] DUCHOW, Christian: *Verschiebungsschätzung markanter Punkte in Bildfolgen*, Universität Karlsruhe, Institut für Mess- und Regelungstechnik, Diplomarbeit, 2003

[Faugeras u. Mourrain 1995] FAUGERAS, O. ; MOURRAIN, D.: On the geometry and algebra of the point and line correspondences between N images. In: *International Conference on Computer Vision*, 1995, S. 951–956

[Faugeras u. a. 2001] FAUGERAS, O. D. ; LUONG, Q.-T. ; PAPADOPOULO, T.: *The Geometry of Multiple Images: The Laws That Govern the Formation of Multiple Images of a Scene and Some of Their Applications*. The MIT Press, 2001

[Faugeras 1995] FAUGERAS, Olivier: *Three dimensional computer vision: a geometric viewpoint*. Boston, MA : Massachusetts Institute of Technology, MIT Press, 1995

[Faugeras 1992] FAUGERAS, Olivier D.: What can be seen in three dimensions with an uncalibrated stereo rig? In: *European Conference on Computer Vision*, 1992, S. 563–578

[Faugeras u. a. 1992] FAUGERAS, Olivier D. ; LUONG, Quang-Tuan ; MAYBANK, Stephen J.: Camera Self-Calibration: Theory and Experiments. In: *European Conference on Computer Vision*, 1992, S. 321–334

[Fischler u. Bolles 1981] FISCHLER, M.A. ; BOLLES, R.C.: Random Sample Consensus: A Paradigm for Model Fitting with Applications to Image Analysis and Automated Cartography. In: *Communications of the ACM* 24 (1981), June, Nr. 6, S. 381–395

[Föllinger 1994] FÖLLINGER, O.: *Regelungstechnik*. Hüthig, 1994

[Förstner 1993] FÖRSTNER, W.: Image Matching. In: HARALICK, R.M. (Hrsg.) ; SHAPIRO, L.G. (Hrsg.): *Computer and Robot Vision* Bd. II. Addison-Wesley, 1993

[Förstner 2000] FÖRSTNER, Wolfgang: On Weighting and Choosing Constraints for Optimally Reconstructing the Geometry of Image Triplets. In: *European Conference on Computer Vision* Bd. 2, 2000, S. 669–684

[Fox u. a. 2003] FOX, Dieter ; HIGHTOWER, Jeffrey ; LIAO, Lin ; SCHULZ, Dirk ; BORRIELLO, Gaetano: Bayesian Filtering for Location Estimation. In: *IEEE Pervasive Computing* (2003), September, S. 24–33

[Fukunaga 1990] FUKUNAGA, Keionosuke: *Introduction to statistical pattern recognition*. 2. Academic Press, 1990

[Fusiello u. a. 2000] FUSIELLO, A. ; TRUCCO, E. ; VERRI, A.: A Compact Algorithm for Rectification of Stereo Pairs. In: *Machine Vision and Applications* 12 (2000), Nr. 1, S. 16–22

[Gauss 1809] GAUSS, C.F.: *Theoria Motus Corpum Coelestium*. Hamburg : Perthes und Besser, 1809

[Gehrig 2005] GEHRIG, Stefan K.: Large-Field-of-view stereo for automotive applications. In: *OmniVis 2005*. Beijing, 2005

[Gehrig u. a. 2003] GEHRIG, Stefan K. ; WAGNER, Sebastian ; FRANKE, Uwe: System Architecture for an Intersection Assistant Fusing Image, Map, and GPS Information. In: *IEEE Intelligent Vehicle Symposium*, 2003, S. 144–149

[Gelb 1994] GELB, Arthur: *Applied Optimal Estimation*. Massachusetts Institute of Technology, Cambridge, MA : MIT Press, 1994

[Golub u. Loan 1996] GOLUB, Gene H. ; LOAN, Charles F. V.: *Matrix Computations*. 3. Johns Hopkins University Press, 1996

[Grabner u. a. 2006] GRABNER, Michael ; GRABNER, Helmut ; BISCHOF, Horst: Fast Approximated SIFT. In: *Asian Conference on Computer Vision*. Hyderabad, India : Springer, 2006 (LNCS 3851), S. 918–927

[Granshaw 1980] GRANSHAW, S.: Bundle adjustment methods in engineering photogrammetry. In: *The Photogrammetric Record* 10 (1980), Nr. 56, S. 181–207

[Grassia 1998] GRASSIA, Sebastian: Practical Parameterization of Rotations Using the Exponential Map. In: *Journal of Graphics Tools* 3 (1998)

[Gregor u. a. 2002] GREGOR, R. ; LUTZELER, M. ; PELLKOFER, M. ; SIEDERSBERGER, K.-H. ; DICKMANNS, E.D.: EMS-Vision: a perceptual system for autonomous vehicles. In: *IEEE Transactions on Intelligent Transportation Systems* 3 (2002), Nr. 1, S. 48–59

[Grün u. a. 2004] GRÜN, Armin ; REMONDINO, Fabio ; ZHANG, Li: Photogrammetric Reconstruction of the Great Buddha of Bamiyan, Afghanistan. In: *The Photogrammetric Record* 19 (2004), September, Nr. 107, S. 177–199

[Ham u. Brown 1983] HAM, F. C. ; BROWN, R. G.: Observability, Eigenvalues, and Kalman Filtering. In: *IEEE Transactions on Aerospace and Electronic Systems* 19 (1983), S. 269–273

[Harris u. Stephens 1988] HARRIS, C. ; STEPHENS, M.J.: A Combined Corner and Edge Detector. In: *Alvey Vision Conference*, 1988, S. 147–152

[Hartley 1995] HARTLEY, R. I.: A linear method for reconstruction from lines and points. In: *International Conference on Computer Vision*, 1995, S. 885–887

[Hartley 1997] HARTLEY, R. I.: Lines and points in three views and the trifocal tensor. In: *International Journal of Computer Vision* 22 (1997), Nr. 2, S. 125–140

[Hartley u. Sturm 1997] HARTLEY, R. I. ; STURM, P.: Triangulation. In: *Computer Vision and Image Understanding* 68 (1997), Nr. 2, S. 146–157

[Hartley u. Zisserman 2002] HARTLEY, R. I. ; ZISSERMAN, A.: *Multiple View Geometry in Computer Vision*. Cambridge University Press, 2002

[Haußecker u. Spies 1999] HAUSSECKER, H. ; SPIES, H.: Motion. In: JÄHNE, B. (Hrsg.) ; HAUSSECKER, H. (Hrsg.) ; GEISSLER, P. (Hrsg.): *Handbook of Computer Vision and Applications*. Academic Press, 1999

[Heikkila u. Silven 1997] HEIKKILA, Janne ; SILVEN, Olli: A Four-step Camera Calibration Procedure with Implicit Image Correction. In: *IEEE Conference on Computer Vision and Pattern Recognition*, 1997

[Helmert 1872] HELMERT, F.R.: *Die Ausgleichsrechnung nach der Methode der kleinsten Quadrate*. Leipzig : Teubner, 1872

[Hirschmüller u. a. 2002] HIRSCHMÜLLER, Heiko ; INNOCENT, Peter R. ; GARIBALDI, Jonathan M.: Real-Time Correlation-Based Stereo Vision with Reduced Border Errors. In: *International Journal of Computer Vision* 47 (2002), Nr. 1-3, S. 229–246

[Hirschmüller u. a. 2005] HIRSCHMÜLLER, Heiko ; SCHOLTEN, Frank ; HIRZINGER, Gerd: Stereo Vision Based Reconstruction of Huge Urban Areas from an Airborne Pushbroom Camera (HRSC). In: *Lecture Notes in Computer Science: Pattern Recognition, Proceedings of the 27th DAGM Symposium* Bd. 3663. Vienna, Austria, 2005, S. 58–66

[Horaud u. a. 2000] HORAUD, R. ; CSURKA, G. ; DEMIRDIJIAN, D.: Stereo Calibration from Rigid Motions. In: *IEEE Transactions on Pattern Analysis and Machine Intelligence* 22 (2000), Nr. 12, S. 1446–1452

[Horn u. Schunk 1981] HORN, B. ; SCHUNK, B.: Determining Optical Flow. In: *Artificial Intelligence* 17 (1981), S. 185–203

[Horn 2006] HORN, Jan: *Zweidimensionale Geschwindigkeitsmessung texturierter Oberflächen mit fächenhaften bildgebenden Sensoren*, Universität Karlsruhe, Institut für Mess- und Regelungstechnik, Diss., 2006

[Huber 1981] HUBER, Peter J.: *Robust Statistics*. Wiley-Interscience, 1981 (Wiley Series in Probability and Statistics)

[Ihouaoui 2005] IHOUAOUI, Abdelilah: *Visualisierung und Konsistenzüberprüfung von 3D-Stereodaten*, Universität Karlsruhe, Institut für Mess- und Regelungstechnik, Diplomarbeit, 2005

[Jähne 1997] JÄHNE, Bernd: *Digitale Bildverarbeitung*. 4th. Springer Verlag, 1997

[Jähne 1999] JÄHNE, Bernd: *Practical Handbook on Computer Vision and Applications*. Academic Press, 1999

[Jazwinski 1970] JAZWINSKI, Andrew H.: *Stochastic Processes and Filtering Theory*. New York : Academic Press, 1970

[Julier u. Uhlmann 1997] JULIER, S. ; UHLMANN, J.: A New Extension of the Kalman Filter to Nonlinear Systems. In: *International Symposium on Aerospace/Defense Sensing, Simulation and Control*, 1997

[Kahl u. a. 2000] KAHL, F. ; TRIGGS, B. ; ASTRÖM, K.: Critical motions for autocalibration when some intrinsic parameters can vary. In: *Journal of Mathematical Imaging and Vision* 13 (2000), Nr. 2, S. 131–146

[Kalman 1960a] KALMAN, R. E.: A New Approach to Linear Filtering and Prediction Problems. In: *Transactions of the ASME–Journal of Basic Engineering* 82 (1960), Nr. Series D, S. 35–45

[Kalman 1960b] KALMAN, R. E.: On the General Theory of Control Systems. In: *Proceedings of the 1st World Congress of the International Federation of Automatic Control* Bd. 1, 1960, S. 481–492

[Kalman u. Bucy 1961] KALMAN, R. E. ; BUCY, R.: New results in linear filtering and prediction theory. In: *ASME Journal of Basic Engineering* 82 (1961), S. 35–45

[Kanatani 1996] KANATANI, Kenichi: *Machine Intelligence and Pattern Recognition*. Bd. 18: *Statistical Optimization for Geometric Computation: Theory and Practice*. Elsevier Science, 1996

[Kiencke u. Kronmüller 1995] KIENCKE, Uwe ; KRONMÜLLER, Heinz: *Meßtechnik: Systemtheorie für Elektrotechniker.* Berlin, Heidelberg : Springer, 1995

[Koch 1987] KOCH, K. R.: *Parameterschätzung und Hypothesentests in linearen Modellen.* Bonn : Dümmlers Verlag, 1987

[Kraus 1986] KRAUS, Karl: *Photogrammetrie.* Bonn : Dümmler Verlag, 1986

[Krebs 1999] KREBS, Volker: *Nichtlineare Filterung.* Universität Karlsruhe (TH) : Institut für Regelungs- und Steuerungssysteme, 1999

[Lazebnik u. a. 2003] LAZEBNIK, S. ; SCHMID, C. ; PONCE, J.: Sparse Texture Representation Using Affine Invariant Neighborhoods. In: *IEEE Conference on Computer Vision and Pattern Recognition*, 2003, S. 319–324

[Lindeberg 1998] LINDEBERG, T.: Feature Detection with Automatic Scale Selection. In: *International Journal of Computer Vision* 30 (1998), Nr. 2, S. 79–116

[Longuet-Higgins 1981] LONGUET-HIGGINS, H.C.: A computer algorithm for reconstructing a scene from two projections. In: *Nature* 293 (1981), S. 133–135

[Lowe 1999] LOWE, David G.: Object recognition from local scale-invariant features. In: *International Conference on Computer Vision*. Corfu, 1999, S. 1150–1157

[Lowe 2004] LOWE, David G.: Distinctive image features from scale-invariant keypoints. In: *International Journal of Computer Vision* 60 (2004), Nr. 2, S. 91–110

[Lucas u. Kanade 1981] LUCAS, B.D. ; KANADE, T.: An Iterative Image Registration Technique with an Application to Stereo Vision. In: *International Joint Conference on Artificial Intelligence*, 1981, 674-679

[Luhmann 2003] LUHMANN, Thomas: *Nahbereichsphotogrammetrie — Grundlagen, Methoden und Anwendungen.* 2. Auflage. Wichmann Verlag, 2003

[Luong u. Faugeras 1997a] LUONG, Q. ; FAUGERAS, O.: Camera Calibration, Scene Motion, and Structure Recovery from Point Correspondences and Fundamental Matrices. In: *International Journal of Computer Vision* 22 (1997), Nr. 3, S. 261–289

[Luong u. Faugeras 1997b] LUONG, Q. ; FAUGERAS, O.: Self-calibration of a moving camera from point correspondences and fundamental matrices. In: *International Journal of Computer Vision* 22 (1997), Nr. 3, S. 261–89

[Luong u. Faugeras 1996] LUONG, Q.-T. ; FAUGERAS, O. D.: The Fundamental Matrix: Theory, Algorithms, and Stability Analysis. In: *International Journal of Computer Vision* 17 (1996), Nr. 1, S. 43–75

[Luong 1992] LUONG, Q.T.: *Matrice fondamentale et calibration visuelle sur l'environnement: Vers une plus grande autonomie des systèmes robotiques*, Université de Paris-Sud, Orsay, Diss., 1992

[Markoff 1912] MARKOFF, A.A.: *Wahrscheinlichkeitsrechnung*. Leipzig : Teubner, 1912

[Matas u. a. 2002] MATAS, J. ; CHUM, O. ; URBAN, M. ; PAJDLA, T.: Robust wide-baseline stereo from maximally stable extremal regions. In: *British Machine Vision Conference*. Cardiff, UK, 2002, S. 384–393

[Maybank u. Faugeras 1992] MAYBANK, S.J. ; FAUGERAS, O.: A Theory of Self Calibration of a Moving Camera. In: *International Journal of Computer Vision* 8 (1992), S. 123–152

[Maybeck 1982] MAYBECK, Peter S.: *Stochastic Models, Estimation and Control*. Bd. 1. New York : Academic Press, 1982

[McLauchlan u. Murray 1996] MCLAUCHLAN, Philip F. ; MURRAY, David W.: Active Camera Calibration for a Head-Eye Platform Using the Variable State-Dimension Filter. In: *IEEE Transactions on Pattern Analysis and Machine Intelligence* 18 (1996), Nr. 1, S. 15–22

[Mikolajczyk u. Schmid 2005] MIKOLAJCZYK, K. ; SCHMID, C.: A performance evaluation of local descriptors. In: *IEEE Transactions on Pattern Analysis and Machine Intelligence* 27 (2005), Nr. 10, S. 1615–1630

[Mikolajczyk u. a. 2005] MIKOLAJCZYK, K. ; TUYTELAARS, T. ; SCHMID, C. ; ZISSERMAN, A. ; MATAS, J. ; SCHAFFALITZKY, F. ; KADIR, T. ; GOOL, L. V.: A comparison of affine region detectors. In: *International Journal of Computer Vision* 65 (2005), S. 43–72

[Moosmann u. a. 2006] MOOSMANN, Frank ; LARLUS, Diane ; JURIE, Frederic: Learning Saliency Maps for Object Categorization. In: *ECCV International Workshop on The Representation and Use of Prior Knowledge in Vision*. 655 Avenue de l'Europe, Montbonnot 38330, France : Springer, 2006

[Murray u. a. 1992] MURRAY, D. W. ; DU, F. ; MCLAUCHLAN, P. F. ; REID, I. D. ; SHARKEY, P. M. ; BRADY, J. M.: Design of Stereo Heads. In: BLAKE, A. (Hrsg.) ; YUILLE, A. (Hrsg.): *Active Vision*. Cambridge, MA : MIT Press, 1992, S. 155–174

[Niemeier 2002] NIEMEIER, Wolfgang: *Ausgleichsrechnung*. Berlin : deGruyter, 2002

[Pettersson u. Petersson 2005] PETTERSSON, N. ; PETERSSON, L.: Online Stereo Calibration using FPGAs. In: *IEEE Intelligent Vehicles Symposium*. Las Vegas, USA, June 2005

[Pollefeys u. Gool 2000] POLLEFEYS, M. ; GOOL, L. V.: Some issues on self-calibration and critical motion sequences. In: *Asian Conference on Computer Vision*, 2000, S. 893–898

[Pollefeys 1999] POLLEFEYS, Marc: *Self-Calibration and Metric 3D Reconstruction from Uncalibrated Image Sequences*, Katholieke Universiteit Leuven, Belgium, Diss., 1999

[Pollefeys u. a. 1999] POLLEFEYS, Marc ; KOCH, Reinhard ; GOOL, Luc J. V.: A Simple and Efficient Rectification Method for General Motion. In: *IEEE International Conference on Computer Vision*, 1999, 496-501

[Porikli 2005] PORIKLI, F.: Integral histogram: A fast way to extract histograms in cartesian spaces. In: *IEEE Conference on Computer Vision and Pattern Recognition*, 2005, S. 829–836

[Ressl 2003] RESSL, Camillo: *Geometry, Constraints and Computation of the Trifocal Tensor*, Technische Universität Wien, Fakultät für Naturwissenschaften und Informatik, Diss., 2003

[Robinson u. Milanfar 2004] ROBINSON, D. ; MILANFAR, P.: Fundamental performance limits in image registration. In: *IEEE Transactions on Image Processing* 13 (2004), Nr. 9, S. 1185–1199

[Rousseeuw 1987] ROUSSEEUW, P.J.: *Robust Regression and Outlier Detection*. Wiley, 1987

[Sampson 1982] SAMPSON, P.D.: Fitting Conic Sections to very Scattered Data: An Iterative Refinement of the Bookstein Algorithm. In: *Computer Graphics and Image Processing* 18 (1982), S. 97–108

[von Sanden 1908] SANDEN, H. von: *Die Bestimmung der Kernpunkte der Photogrammetrie*, Universität Göttingen, Diss., 1908

[Scharstein u. Szeliski 2002] SCHARSTEIN, D. ; SZELISKI, R.: A Taxonomy and Evaluation of Dense Two-Frame Stereo Correspondence Algorithms. In: *International Journal of Computer Vision* 47 (2002), S. 7–42

[Schmid u. a. 2000] SCHMID, Cordelia ; MOHR, Roger ; BAUCKHAGE, Christian: Evaluation of Interest Point Detectors. In: *International Journal of Computer Vision* 37 (2000), Nr. 2, S. 151–172

[Schmid 1958] SCHMID, H.: Eine allgemeine analytische Lösung für die Aufgabe der Photogrammetrie. In: *Bildmessung und Luftbildwesen (BuL); Zeitschrift für Photogrammetrie u. Fernerkundung* 2: 1959/1-12 (1958), S. 103–113

[Schön u. a. 2006] SCHÖN, Thomas B. ; EIDEHALL, Andreas ; GUSTAFSSON, Fredrik: Lane Departure Detection for Improved Road Geometry Estimation. In: *IEEE Intelligent Vehicle Symposium.* Tokyo, Japan, 2006

[Shashua 1995] SHASHUA, A.: Algebraic Functions For Recognition. In: *IEEE Transactions on Pattern Analysis and Machine Intelligence* 17 (1995), Nr. 8, S. 779–789

[Shi u. Tomasi 1994] SHI, J. ; TOMASI, C.: Good Features to Track. In: *IEEE Conference on Computer Vision and Pattern Recognition*, 1994, S. 593–600

[Simon 2006] SIMON, D.: *Optimal State Estimation: Kalman, H-infinity, and Nonlinear Approaches.* John Wiley & Sons, 2006

[Sinha u. a. 2006] SINHA, Sudipta N. ; FRAHM, Jan-Michael ; POLLEFEYS, Marc ; GENC, Yakup: GPU-Based Video Feature Tracking and Matching. In: *Workshop on Edge Computing Using New Commodity Architectures (EDGE 2006).* Chapel Hill, May 2006

[Smith u. Brady 1997] SMITH, S.M. ; BRADY, J.M.: SUSAN - a New Approach to Low Level Image Processing. In: *International Journal of Computer Vision* 23(1) (1997), S. 45–78

[Soatto u. Perona 1998a] SOATTO, S. ; PERONA, P.: Reducing Structure from Motion: A General Framework for Dynamic Vision Part 1: Modeling. In: *IEEE Transactions on Pattern Analysis and Machine Intelligence* 20 (1998), Nr. 9, S. 933–942

[Soatto u. Perona 1998b] SOATTO, S. ; PERONA, P.: Reducing Structure from Motion: A General Framework for Dynamic Vision, Part 2: Implementation and Experimental Assessment. In: *IEEE Transactions on Pattern Analysis and Machine Intelligence* 20 (1998), Nr. 9, S. 943–960

[Soatto u. a. 1996] SOATTO, Stefano ; FREZZA, Ruggero ; PERONA, Pietro: Motion Estimation Via Dynamic Vision. In: *IEEE Transactions on Automatic Control* 4 (1996), Nr. 3, S. 393 – 413

[Stiller u. Konrad 1999] STILLER, C. ; KONRAD, J.: Estimating Motion in Image Sequences. In: *IEEE Signal Processing Magazine* 16 (1999), S. 70–91

[Stiller 2006] STILLER, Christoph: *Grundlagen der Mess- und Regelungstechnik.* Shaker Verlag, 2006

[Stiller u. a. 2004] STILLER, Christoph ; KAMMEL, Sören ; HORN, Jan ; DANG, Thao: The Computation of Motion. In: KELLY, Laurie (Hrsg.) ; REED, Todd R. (Hrsg.): *Digital Image Sequence Processing, Compression, and Analysis.* CRC Press, September 2004, S. 73–108

[Stollnitz u. a. 1995] STOLLNITZ, Eric J. ; DEROSE, Tony D. ; SALESIN, David H.: Wavelets for Computer Graphics: A Primer, Part 1. In: *IEEE Computer Graphics and Applications* 15 (1995), Nr. 3, S. 76–84

[Sturm 1997] STURM, P.: Critical motion sequences for monocular self-calibration and uncalibrated Euclidean reconstruction. In: *IEEE Conference on Computer Vision and Pattern Recognition*, 1997, S. 1100–1105

[Sturm 2000] STURM, P.: A Case Against Kruppa's Equations for Camera Self-Calibration. In: *IEEE Transactions on Pattern Analysis and Machine Intelligence* 22 (2000), Nr. 10, S. 1199–1204

[Sturm 2002] STURM, Peter: Critical Motion Sequences for the Self-Calibration of Cameras and Stereo Systems with Variable Focal Length. In: *Image and Vision Computing* 20 (2002), S. 415–426

[Thompson 1966] THOMPSON, Morris M. (Hrsg.): *Manual of photogrammetry.* American Society of Photogrammetry, 1966

[Thrun u. a. 2005] THRUN, Sebastian ; BURGARD, Wolfram ; FOX, Dieter: *Probabilistic Robotics.* MIT Press, 2005

[Tomasi u. Kanade 1991] TOMASI, Carlo ; KANADE, Takeo: Detection and Tracking of Point Features / Carnegie Mellon University. 1991 (CMU-CS-91-132). – Forschungsbericht

[Torr 1995] TORR, P.H.S.: *Outlier Detection and Motion Segmentation*, University of Oxford, Engineering Department, Diss., 1995

[Torr u. Murray 1997] TORR, P.H.S. ; MURRAY, D.W.: The Development and Comparison of Robust Methods for Estimating the Fundamental Matrix. In: *International Journal of Computer Vision* 24 (1997), September, Nr. 3, S. 271–300

[Torr u. Zisserman 1997] TORR, P.H.S. ; ZISSERMAN, A.: Robust parameterization and computation of the trifocal tensor. In: *Image and Vision Computing* 15
(1997), S. 591–605

[Triggs 1997] TRIGGS, B.: Autocalibration and the Absolute Quadric. In: *IEEE
Conference on Computer Vision and Pattern Recognition*. Puerto Rico, 1997, S.
609–614

[Triggs u. a. 2000] TRIGGS, Bill ; MCLAUCHLAN, P. ; HARTLEY, Richard ;
FITZGIBBON, A.: Bundle Adjustment – A Modern Synthesis. In: TRIGGS,
B. (Hrsg.) ; ZISSERMAN, A. (Hrsg.) ; SZELISKI, R. (Hrsg.): *Vision Algorithms:
Theory and Practice* Bd. 1883, Springer-Verlag, 2000 (Lecture Notes in Com-
puter Science), S. 298–372

[Tsai 1987] TSAI, Roger Y.: A Versatile Camera Calibration Technique for High-
Accuracy 3D Machine Vision Metrology Using Off-the-Shelf TV Cameras and
Lenses. In: *IEEE Journal of Robotics and Automation* RA-3 (1987), August,
Nr. 4, S. 323–344

[Xiong u. Matthies 1997] XIONG, Y. ; MATTHIES, L.: Error analysis of a Real-
time Stereo System. In: *IEEE Conference on Computer Vision and Pattern
Recognition*, 1997, S. 1097–1093

[Zhang 1997a] ZHANG, Zhengyou: Parameter Estimation Techniques: A Tutorial
with Application to Conic Fitting. In: *Image and Vision Computing* 15 (1997),
Nr. 1, S. 59–76

[Zhang 1997b] ZHANG, Zhengyou: A stereovision system for a planetary rover:
calibration, correlation, registration, and fusion. In: *Machine Vision and Applications* 10 (1997), Nr. 1, S. 27–34

[Zhang 1998] ZHANG, Zhengyou: Determining the Epipolar Geometry and its
Uncertainty: A Review. In: *International Journal of Computer Vision* 27 (1998),
Nr. 2, S. 161–195

[Zhang 2000] ZHANG, Zhengyou: A flexible new technique for camera calibration. In: *IEEE Transactions on Pattern Analysis and Machine Intelligence* 22
(2000), Nr. 11, S. 1330–1334

[Zhang u. a. 1996] ZHANG, Zhengyou ; LUONG, Quang-Tuan ; FAUGERAS, Olivier: Motion of an Uncalibrated Stereo Rig: Self-Calibration and Metric Reconstruction. In: *IEEE Transactions on Robotics and Automation* 12 (1996), S.
103–113

[Zisserman u. a. 1995] ZISSERMAN, A. ; BEARDSLEY, P. ; REID, I.: Metric calibration of a stereo rig. In: *IEEE Workshop on Representations of Visual Scenes*. Boston, 1995, S. 93–100

[Zisserman u. Maybank 1994] ZISSERMAN, A. ; MAYBANK, S.: A case against epipolar Geometry. In: MUNDY, J. (Hrsg.) ; ZISSERMAN, A. (Hrsg.) ; FORSYTH, D. (Hrsg.): *Applications of Invariance in Computer Vision LNCS 825*. Springer-Verlag, 1994

[Zurmühl 1964] ZURMÜHL, R.: *Matrizen und ihre technischen Anwendungen*. 4. Springer Verlag, 1964